图解

DeepSeek
实用操作教程

车成文◎编著

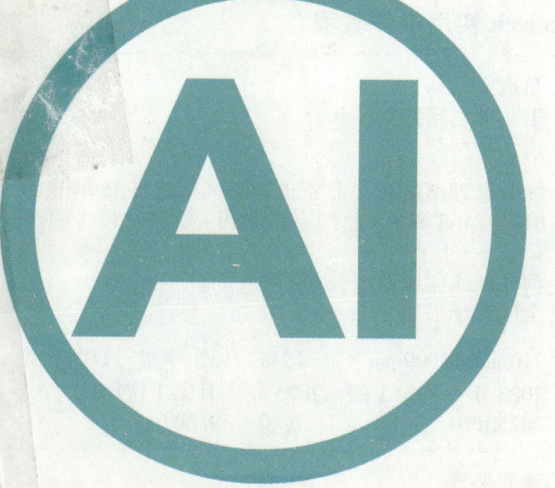

应急管理出版社
·北京·

图书在版编目（CIP）数据

图解 DeepSeek 实用操作教程 / 车成文编著. -- 北京：应急管理出版社，2025. -- ISBN 978-7-5237-1167-5

Ⅰ．TP18-64

中国国家版本馆 CIP 数据核字第 202539P4E1 号

图解 DeepSeek 实用操作教程

编　　著	车成文
责任编辑	王　坤　高红勤
封面设计	道元智
出版发行	应急管理出版社（北京市朝阳区芍药居 35 号　100029）
电　　话	010－84657898（总编室）　010－84657880（读者服务部）
网　　址	www.cciph.com.cn
印　　刷	河北航硕印刷有限公司
经　　销	全国新华书店
开　　本	710mm×1000mm $^1/_{16}$　印张　13　字数　150 千字
版　　次	2025 年 3 月第 1 版　2025 年 3 月第 1 次印刷
社内编号	20250170　　　　　　　　　　定价　59.80 元

版权所有　违者必究

本书如有缺页、倒页、脱页等质量问题，本社负责调换，电话：010－84657880

前言
PREFACE

在人工智能的浪潮中，如何抓住属于你的机遇

我们正处在一个信息爆炸的时代，每天有数亿人面临海量信息的筛选难题、复杂任务的执行压力以及持续不断的创新挑战。

作为新一代智能助手，DeepSeek 不仅是一个 AI 工具，更是一个集"搜索引擎""创意伙伴""效率管家"于一体的智能生态系统。它的核心使命是帮助普通人突破认知边界，挖掘创造潜能，在生活、工作与学习的多维场景中实现效率的指数级提升。

在这本书中，我们将带你深入了解 DeepSeek 的强大功能与应用场景。从日常生活中的琐碎问题到复杂的工作任务，DeepSeek 都能为你提供高效的解决方案。当感到工作压力很大时，DeepSeek 可以成为你 24 小时的心理顾问，为你提供情感支持与科学指导；当你需要撰写一份报告或文案时，DeepSeek 能够迅速生成内容框架，优化语言表达，帮助你轻松应对写作挑战；当你在学习中遇到难题时，DeepSeek 能为你提供详细的解释和分析，让你更好地理解和掌握知识。

本书不仅仅是一本技术手册，更是一本实用指南，旨在帮助读

者掌握DeepSeek的使用技巧，提高工作效率和生活质量。

通过"场景化学习"的方式，我们将复杂的AI技术拆解为可操作的具体步骤。在这里，你将看到新手妈妈如何用DeepSeek生成育儿日程表，房产中介如何利用智能模板撰写个性化的推房文案，旅行者如何通过AI设计和优化行程安排。这些真实的案例不仅展现了DeepSeek的强大功能，更传递出一种积极向上的生活态度：在这个信息化的时代，每个人都可以借助科技的力量，实现自我价值，提升生活品质。

未来的职场竞争将不再是"谁知道得多"，而是"谁能找到并用好信息"。掌握AI工具已成为提升个人能力的必然选择。让我们一起在这场AI浪潮中，抓住属于自己的机遇，乘风破浪，勇往直前！

编者

2025年3月

目录
CONTENTS

第一章　认识 AI 助手

一　什么是 DeepSeek

DeepSeek——会思考的智能助手 …………………… 2
DeepSeek 的核心功能——它能为你做什么 …………… 3
如何与 DeepSeek 互动——掌握高效沟通的技巧 ……… 6

二　三大核心能力：理解、创造、连接

DeepSeek 如何理解用户的需求 ……………………… 8
DeepSeek 如何展现其创造能力 ……………………… 11
DeepSeek 如何通过连接能力提供多方位的服务 …… 12

三　快速注册与界面导航

访问官网 ………………………………………… 16
开始注册 ………………………………………… 17
点击开始对话 …………………………………… 17

第二章　智能搜索革命

一　怎样提问才能让 AI 更懂你

会思考的 DeepSeek ·················· 20

有效提问 ·························· 21

DeepSeek 检索三大优势 ············· 22

高频问题指南 ······················ 25

二　关键词优化技巧

关键词的选择方法 ·················· 27

高频问题指南 ······················ 30

三　高级搜索技能

DeepSeek 的三大模式 ··············· 35

双引擎组合使用案例 ················ 37

DeepSeek 隐藏功能使用场景 ········· 38

高频问题指南 ······················ 39

四　DeepSeek 在不同场景中的应用

职场办公：提高工作效率的智能助手 ········· 46

家居维修：解决生活小问题的智能帮手 …………… 48

旅行规划：定制你的完美旅程 ………………………… 51

亲子教育：科学育儿的智能顾问 ……………………… 54

第三章 智慧写作

一 短视频脚本设计

分镜设计：让画面更有层次感 ………………………… 57

台词生成：让语言更生动 ……………………………… 59

网络热梗应用：让视频更具传播力 …………………… 60

高频词汇总结与案例分析 ……………………………… 61

高频问题指南 …………………………………………… 63

二 小说情节生成

小说世界观构建 ………………………………………… 65

人物关系网设计 ………………………………………… 67

DeepSeek 在小说情节生成中的隐藏功能 …………… 68

高频词汇总结与案例分析 ……………………………… 69

高频问题指南 …………………………………………… 72

三 公文模板库

公文写作的核心技巧 …………………………………… 75

DeepSeek 在公文写作中的隐藏功能 …………………… 77

高频词汇总结与案例分析 ………………………………… 78

四 社交文案

社交文案的创作核心 ……………………………………… 81

高频词汇总结与案例分析 ………………………………… 83

高频问题指南 ……………………………………………… 84

五 警惕 AI 幻觉

什么是 AI 幻觉 …………………………………………… 87

如何应对 AI 幻觉 ………………………………………… 88

如何更好地利用 DeepSeek 的隐藏功能避免 AI 幻觉

　的产生 …………………………………………………… 90

高频词汇总结与案例分析 ………………………………… 92

高频问题指南 ……………………………………………… 95

第四章　人机对话

一　日常闲聊模式

从工具到伙伴的跨越……………………………… 99

解锁冷知识与科学奥秘…………………………… 104

高频问题指南……………………………………… 106

二　虚拟面试官

DeepSeek 如何扮演虚拟面试官的角色…………… 109

如何使用 DeepSeek 进行求职模拟训练…………… 112

使用 DeepSeek 虚拟面试官功能的技巧…………… 115

如何利用 DeepSeek 成功通过面试………………… 117

高频问题指南……………………………………… 118

三　语言陪练

DeepSeek 助力多语言学习………………………… 121

如何利用 DeepSeek 学习外语……………………… 124

利用 DeepSeek 学习外语的实用技巧……………… 127

高频问题指南……………………………………… 129

四 健康顾问

DeepSeek 如何扮演健康顾问的角色 …………… 132

智能指导：从"对话"到"动作" …………… 134

DeepSeek 健康顾问功能操作流程 …………… 134

训练频率与强度的动态调整 …………… 137

进展跟踪与反馈 …………… 138

利用 DeepSeek 安排饮食 …………… 139

高频问题指南 …………… 141

第五章 生活效率管家

一 智能行程规划

如何利用 DeepSeek 优化旅行路线 …………… 143

让旅行更智能的小技巧 …………… 146

每日待办清单 …………… 147

高频问题指南 …………… 150

二 家庭事务管理

如何利用 DeepSeek 生成营养菜谱 …………… 153

让菜谱生成更智能的小技巧 …………………… 156

家电选购指南 …………………………………… 156

高频问题指南 …………………………………… 159

三 智能成长伙伴

书单、影单推荐 ………………………………… 162

动态更新推荐内容 ……………………………… 163

技能学习路径规划 ……………………………… 164

实际操作中的隐藏功能 ………………………… 167

高频问题指南 …………………………………… 168

第六章 娱乐创意工坊

一 互动游戏设计

从零开始构建剧本杀的故事情节 ……………… 171

将个人发展融入游戏 …………………………… 174

高频问题指南 …………………………………… 176

二 艺术创作

DeepSeek 的诗歌创作功能 …………………………… 179

DeepSeek 的歌词韵律优化功能 ……………………… 182

三 团建活动策划

团建活动主题设计 ……………………………………… 184

活动细节策划 …………………………………………… 186

活动执行与反馈 ………………………………………… 188

高频问题指南 …………………………………………… 191

附录

DeepSeek 常用指令速查表 …………………………… 194

第一章

认识 AI 助手

在本章中,我们将揭开DeepSeek的神秘面纱,全面介绍其核心功能。通过深入探讨其运作机制及沟通技巧,我们可以更好地理解和使用DeepSeek,让其为我们提供更优质的服务。

一 什么是 DeepSeek

> DeepSeek是一款基于人工智能技术的智能助手，通过对海量数据的深度分析，为用户提供高效、精准的决策支持。DeepSeek凭借其强大的理解、创造和连接能力，成为行业中领先的AI工具。

DeepSeek——会思考的智能助手

　　DeepSeek不仅仅是一个工具，其更像是一位随时待命的"数字伙伴"。它能通过自然语言处理（NLP）技术理解用户的意图，并为用户提供个性化的建议和解决方案。

　　传统搜索引擎的运作方式是基于关键词匹配，而DeepSeek会给出一个简洁明了的解释。例如，你问了这样一个问题。

> **?** 为什么天空是蓝色的?

> 天空呈现蓝色是因为阳光中的蓝光在穿过大气层时发生了散射，而蓝光的波长较短，更容易被散射到各个方向。

DeepSeek不会向你推荐一堆链接，而是直接给出答案。显然，DeepSeek的核心优势在于它的智能。

DeepSeek能够根据上下文进行推理，帮助用户完成复杂的任务。例如，你可以让它帮你写一封专业的邮件、生成一段代码，甚至设计一个旅行计划。

DeepSeek不仅能理解你的需求，还能根据你的反馈不断优化其给出的答案。此外，DeepSeek还具备学习能力，它会根据用户的使用习惯和偏好，优化自己的回答方式。

DeepSeek的核心功能——它能为你做什么

DeepSeek具备强大的自然语言处理能力，无论是回答问题还是进行复杂的推理，其都能轻松应对。

1. 智能问答

> DeepSeek的回答是基于对问题的深度理解。例如，如果你问"如何提高工作效率？"它不仅会列出常见的方法，还会根据你的具体需求提出个性化的建议。

2. 内容生成

> 无论是撰写文章、邮件，还是宣传文案，DeepSeek都能成为你的得力助手。它可以生成内容框架、润色语言，甚至直接撰写整篇文章，你只要稍作修改即可使用。

3. 代码辅助

> DeepSeek可以根据你的需要生成代码片段、调试代码、解释编程概念，甚至提供优化建议。例如，你可以问："如何在Python中实现一个快速排序算法？"它会直接生成可运行的代码，并附上详细的注释和解释。

4. 学习助手

DeepSeek是学习者的好伙伴。它可以帮助学习者理解复杂的概念、提供学习资源、制订学习计划。例如，如果你在学习微积分，DeepSeek会用通俗易懂的语言和图示为你讲解。此外，它还能推荐相关的参考书籍、学习视频和在线课程，帮助你更高效地理解和掌握所学知识。

5. 个性化推荐

DeepSeek可以根据你的兴趣和需求，提供个性化的推荐服务。无论是电影、旅行路线，还是餐厅、健身计划，它都能为你量身定制。

如何与DeepSeek互动——掌握高效沟通的技巧

想要与DeepSeek更好地互动，需要掌握一些沟通技巧。如明确需求、提供上下文信息、分步提问、使用关键词、反馈与迭代等。

1. 明确需求

尽量清晰地描述你的问题、目标或要求。避免使用复杂或模糊的语言。明确的指令能让DeepSeek快速理解你的需求。

❌ 帮我写点东西。

✅ 帮我写一篇关于人工智能发展趋势的短文，500字左右。

2. 提供上下文信息

如果你的问题涉及特定领域或背景，提供上下文信息能够大大提高DeepSeek回答问题的质量。例如，如果你需要编程方面的帮助，可以说明使用的编程语言和具体目标。

> 用Python写一个函数，实现列表去重并返回新列表。
> ▲ 编程语言   ▲ 具体目标

3.分步提问

> 如果你要提问的问题比较复杂，可以将其拆解成多个小问题逐步解决。例如，如果你想设计一个旅行计划，可以逐步向DeepSeek提问。

> 问题一：推荐几个适合夏季旅行的欧洲城市。
> 问题二：如何在巴黎安排三天的行程？

二 三大核心能力：理解、创造、连接

> DeepSeek是拥有理解、创造、连接三大核心能力的智能伙伴。理解是DeepSeek与人类沟通的桥梁，它能够洞察你的需求，推断你的意图，用最自然的方式与你对话；创造是DeepSeek突破想象的翅膀，生成文本、代码、图像，将你的奇思妙想化为现实；连接是DeepSeek打破信息壁垒的利器，它能够整合海量数据，为你提供精准的答案，助你更高效地学习和工作。

DeepSeek如何理解用户的需求

DeepSeek的理解能力基于自然语言处理（NLP）技术，其能从用户输入的内容中提取关键信息，并结合上下文来推断用户的真实意图。更厉害的是，不管你用中文、英文还是其他语言向它提问，它都能轻松应对，就像一个语言天才。

1. 语义理解

> DeepSeek不仅能识别用户输入的关键词，还能理解这些词语背后的含义。
>
> 例如，当你问"如何做一道简单的晚餐"时，它能理解"简单"意味着步骤少、耗时短，并据此推荐适合的菜谱。

如何做一道简单的晚餐？

"简单"意味着　➡　步骤少、耗时短。

---

2. 上下文关联

> DeepSeek能够记住对话内容，并根据之前的交流，对上下文进行关联，优化自己的回答。

> 问题一：什么是机器学习？
>
> 问题二：它有哪些应用场景？
>
> DeepSeek能结合第一个问题的背景，直接提供与机器学习相关的应用场景，而不是泛泛而谈。

3. 多语言支持

DeepSeek支持多种语言，并能根据用户的语言习惯调整回答方式。如果你用中英文混合提问，它也能轻松作答。

4. 意图推断

即使表述不够清晰，DeepSeek也能根据你的意图，给出合理的回答。

例如，你问"明天天气怎么样"，它会默认你指的是当前位置的天气，并直接提供相关信息。

DeepSeek如何展现其创造能力

DeepSeek不仅能够理解用户的需求，还具备强大的创造能力。它可以根据用户的需求生成全新的内容，从文字到代码，从创意到解决方案，几乎都能涵盖。这种能力让它成为用户在工作、学习和生活中的得力助手。

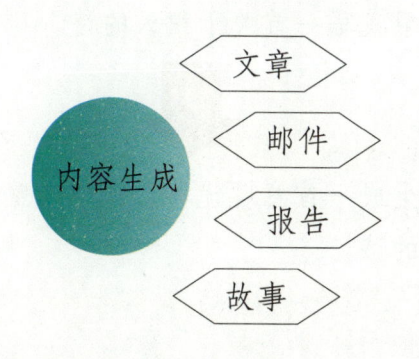

内容生成
- 文章
- 邮件
- 报告
- 故事

帮我写一篇关于环保的短文。

⬇

生成一篇结构完整、语言流畅的文章，并根据不同的风格需求调整语气，比如正式、幽默等。

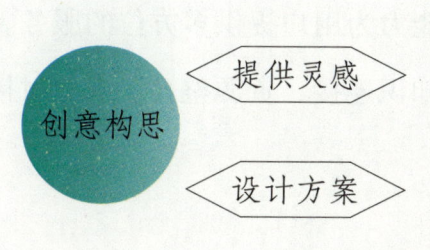

创意构思
- 提供灵感
- 设计方案

帮我设计一个以环保为主题的公益活动方案。

⬇

活动流程、宣传策略和执行建议。

代码创作
- 代码片段
- 基础框架

用Python写一个爬虫程序，抓取某网站的数据。

⬇

DeepSeek会生成可运行的代码，并附上详细的解释。

艺术创作
- 诗歌
- 歌词
- 剧本

帮我写一首关于秋天的诗。

⬇

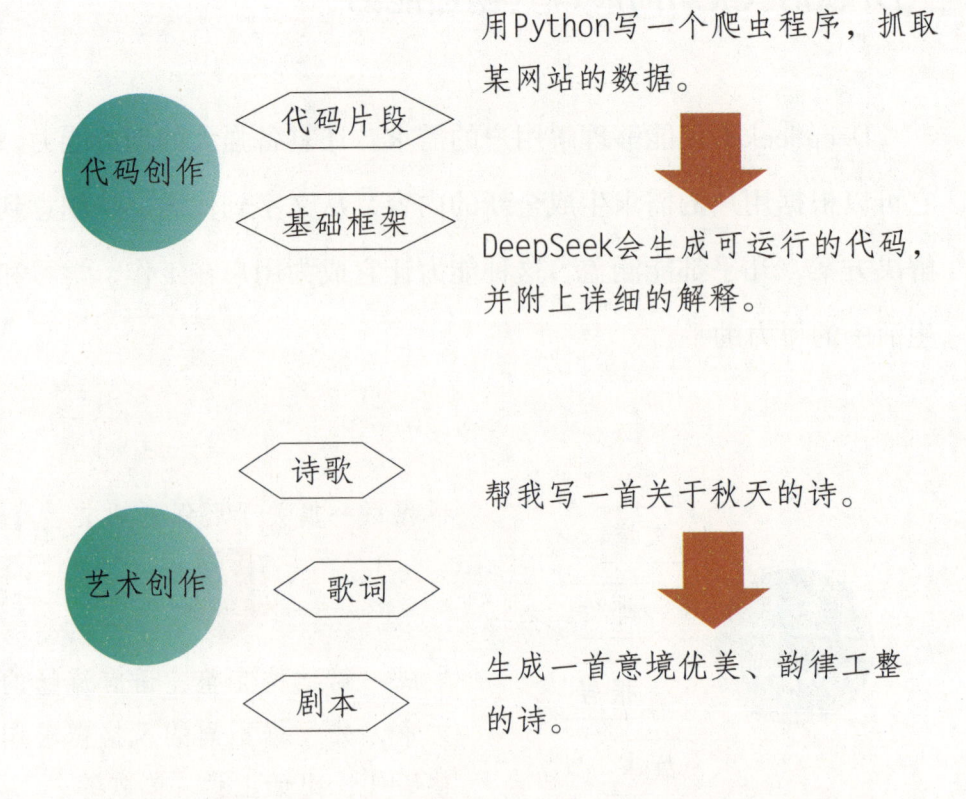

生成一首意境优美、韵律工整的诗。

DeepSeek如何通过连接能力提供多方位的服务

　　DeepSeek通过其强大的连接能力为用户提供多方位的服务。其能力主要体现在以下四个方面：知识连接、资源整合、服务对接和跨领域协作。

1. 知识连接

将用户的问题与庞大的知识库连接起来,提供准确、专业的答案。

什么是区块链技术?

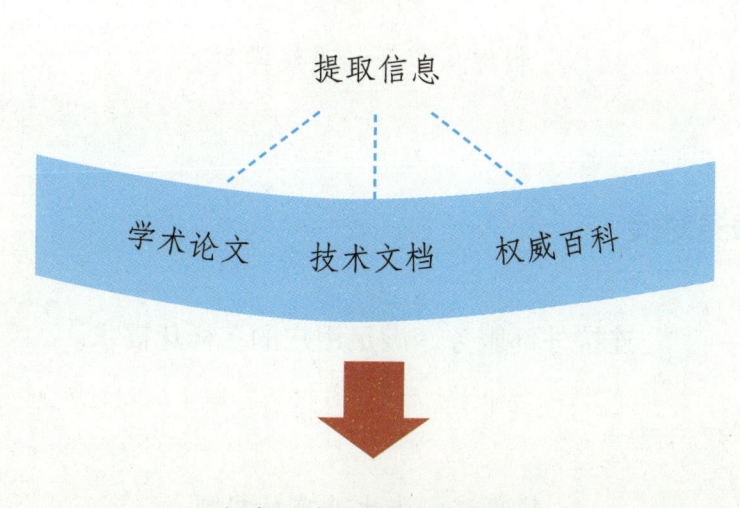

提取信息

学术论文　　技术文档　　权威百科

生成通俗易懂的解释。

2. 资源整合

整合多种资源,为用户提供全面的解决方案。

我该怎么学习摄影?

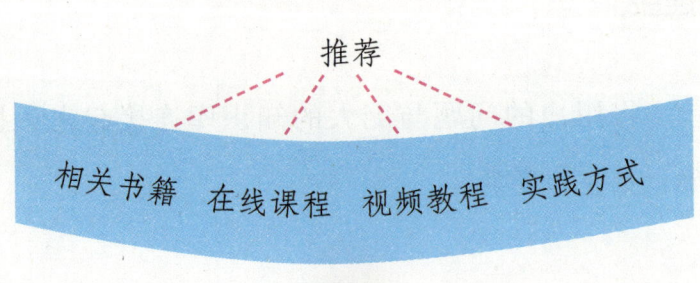

推荐

相关书籍　在线课程　视频教程　实践方式

⬇

帮你从零开始系统学习。

3. 服务对接

连接外部服务，满足用户的多样化需求。

帮我订一张去北京的机票。

对接

票务平台

⬇

提供航班信息和订票链接。

4. 跨领域协作

整合不同领域的知识和资源，解决复杂的问题。

我要开发一款健康类软件。

提取信息

医学知识　用户体验设计　技术实现方案

从多角度完善产品。

三 快速注册与界面导航

> DeepSeek的快速注册设计以优化用户体验为核心，尤其是通过手机号注册账号，简单又高效。用户只需通过3个步骤，几十秒内即可完成注册并开始使用。

访问官网

电脑端访问官网www.deepseek.com。

开始注册

点击"开始对话",进入注册页面,可选择输入手机号注册账号。

输入手机号后点击"获取验证码",验证码会在几秒内以短信的形式发送至用户手机。用户输入6位验证码后系统会自动校验,通过后即可完成注册。

点击开始对话

在界面主页你会看到一个对话框,在对话框里输入你想要"求索"的内容,DeepSeek"思索"后就会回答你。整个过程就像你和朋友用微信聊天儿一样。

🐋 **我是 DeepSeek，很高兴见到你！**

我可以帮你写代码、读文件、写作各种创意内容，请把你的任务交给我吧~

```
给 DeepSeek 发送消息

⊗ 深度思考 (R1)   ⊕ 联网搜索                    📎  ↑
```

如果用手机访问，要在手机应用商店（如华为应用市场、OPPO软件商店、苹果App Store等）搜索DeepSeek，下载并安装官方应用。打开DeepSeek App，手机上会显示以下界面。

🐋 **deepseek**

验证码登录   密码登录

你所在地区仅支持 手机号 / 微信 登录

📱 +86 手机号

验证码   发送验证码

☐ 已阅读并同意 **用户协议** 与 **隐私政策**，未注册的手机号将自动注册

登录

——— 或 ———

💬 使用微信登录

联系我们

输入手机号码，完成注册后，就可以给DeepSeek发信息了。

第二章

智能搜索革命

在这个每天产生海量数据的时代，我们似乎陷入了一种认知悖论：知道的相关知识越多，找到的有效信息越少。智能搜索已不仅是现代人面对信息洪流挑战的必备技能，更在重新定义每个人的核心竞争力——不再比谁掌握的信息和知识更多，而是比谁能更精准、高效地找到并利用信息。本章通过讲解DeepSeek的精准检索、语义优化等核心技能，帮你突破传统搜索困境，让DeepSeek成为你的第二大脑。

一 怎样提问才能让 AI 更懂你

在这个信息爆炸的时代，有些人抱怨"搜不到想要的内容"。之所以出现这种现象并不是因为信息太少，而是提问方式有误。本节将教会你如何通过精准提问，让DeepSeek成为你的高效信息捕手。

会思考的DeepSeek

与传统搜索引擎相比，DeepSeek体现了智能搜索的核心优势——它能理解字面背后的需求。传统的搜索引擎依赖词语匹配，用户需要猜测系统能理解的语言，结果通常满足不了人们的需求。例如，搜索"孩子发烧了怎么办"，传统引擎会推给用户大量重复的科普文章，而DeepSeek可以根据孩子的年龄、具体症状、是否有药物过敏史等信息给出详细的分析和解答。所以在向DeepSeek提问时我们可以输入较具体的信息，这有助于DeepSeek更准确地理解我们的需求，从而给出让我们满意的答案。

有效提问

实现精准信息检索的关键是学会构建有效的提问。首先，明确核心需求。例如，不要简单搜索"如何学习英语"，而是细化到"30岁上班族，每天通勤一小时，如何利用碎片化时间提升商务英语听力"。

普通提问与有效提问结果对比

场景	普通提问及结果	有效提问及结果
职场学习	提问：怎样提高工作效率？ 结果：通用方法	提问：互联网运营岗，如何利用 AI 工具缩短撰写日报时间 结果：具体岗位的自动化方案
旅行规划	提问：上海旅游攻略？ 结果：大众景点	提问：上海两日亲子游，孩子5岁，预算2000元以内 结果：包含儿童免票信息和路线的定制
购物决策	提问：手机推荐？ 结果：广告排行	提问：4000元以内，拍照好、电池耐用的5G手机 结果：10款高性价比手机参数配置对比表
家居维修	提问：马桶漏水怎么修？ 结果：通用教程	提问：虹吸式马桶底座渗水，附上漏水部位照片 结果：对应型号的维修视频
健康咨询	提问：头痛怎么办？ 结果：泛泛建议	提问：35岁女性，太阳穴胀痛3天，血压130/85 结果：结合年龄、症状的用药方案

DeepSeek检索三大优势

　　DeepSeek能够通过多轮追问深入挖掘问题的核心，凭借其强大的上下文记忆能力，精准捕捉你的需求，并融合多模态信息，提供全面而精准的答案。

1. 多轮追问智能补全

　　在实际操作中，有些用户会陷入一些误区。有的用户提出的问题过于简略，比如"健身计划"，得到的回答往往比较简单；有的用户提的问题中混杂多个需求，比如"考研复习和减肥方法"，导致系统难以准确回答；有的用户提的问题忽略了上下文的关联，缺乏逻辑联系。针对这些问题，DeepSeek提供了多轮对话记忆功能，能够自动关联之前的提问记录。例如，在咨询"二手房交易税费"后，继续问"公积金贷款流程"时，系统会自动匹配房产交易场景，提供更具针对性的解答。

第一轮提问：二手房交易税费。

⬇

第二轮提问：公积金贷款流程。

智能匹配 ➡ 房产交易场景

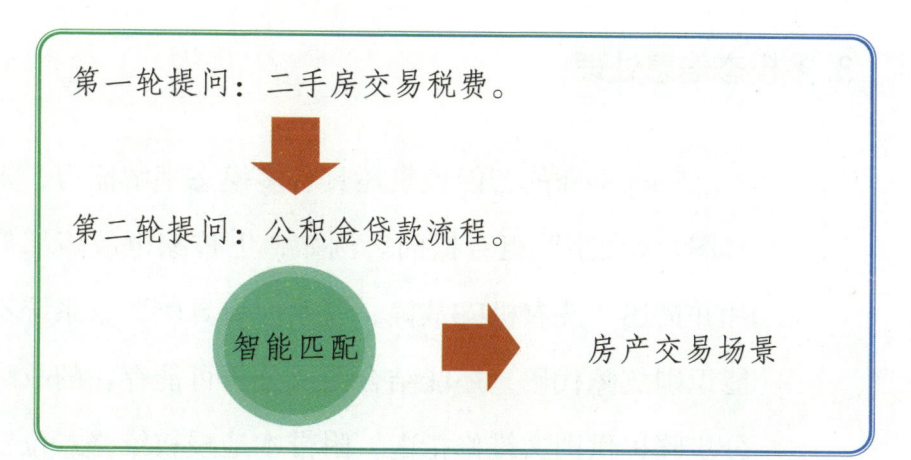

2. 上下文记忆理解

如想学习Python这门编程课，在连续提问时，首先应搜索"Python入门学习方法"，紧接着提问"适合新手的实战项目"，这样DeepSeek会自动关联Python初期学习阶段，并推荐3个带有难易度标识的案例。

Python入门学习方法。

▼

适合新手的实战项目。

▼

DeepSeek会自动关联Python初期学习阶段，并推荐3个带有难易度标识的案例。

3. 多模态信息处理

> DeepSeek的智能检索还具备多模态理解能力，支持"图片+文字"组合提问。例如，上传家电故障部位照片并描述"洗衣机E3故障，脱水时有异响"，系统不仅能识别故障代码，还能结合图片分析可能存在的故障，分步骤提供图文维修指南，附带本地授权维修点位置及维修费用预估。这种多模态交互让搜索变得更加直观和高效。

洗衣机E3故障，脱水时有异响。

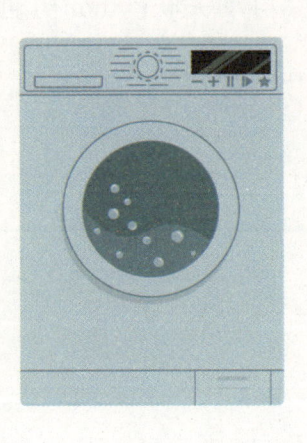

识别故障代码。

分步骤提供图文维修指南。

结合图片分析可能存在的故障。

本地授权维修点位置定位及维修费用预估。

高频问题指南

问题：想要精准检索，有提问公式吗？

万能提问公式：需求+背景+限制

想要快速获得精准答案，关键在于清晰地表达你的需求。一个高效的提问应该包含明确的需求、相关的背景信息和具体的限制条件三个要素。

> 需求：寻找周末骑行路线。
> 背景：新手，使用共享单车。
> 限制：北京朝阳区，单程不超过15公里。
> 普通提问："北京哪里可以骑行？"
> 高效提问："我想寻找一条适合周末骑行的路线。我是新手，打算使用共享单车，希望路线位于北京朝阳区，单程不超过15公里。"

北京朝阳区新手骑行路线推荐

> 我想寻找一条适合周末骑行的路线。我是新手,打算使用共享单车,希望路线位于北京朝阳区,单程不超过15公里。

推荐路线:朝阳公园 → 亮马河 → 三里屯 → 工体

- **距离**:约12公里,适合新手
- **特点**:路况平坦,有骑行道,途经公园、河流和时尚街区
- **建议**:检查共享单车的车况,佩戴头盔,注意安全

祝你骑行愉快!

二 关键词优化技巧

> 关键词是DeepSeek理解用户需求的桥梁。它们决定了DeepSeek的回答是否与你的需求相关。选择合适的关键词不仅能帮助你快速找到所需信息，还能避免大量无关信息的干扰。
>
> 优化关键词是提升搜索效率的关键。无论是日常生活中的简单查询，还是工作中的复杂任务，掌握关键词优化技巧都能让你事半功倍。

关键词的选择方法

选择合适的关键词不仅能让你更快找到答案，还能让AI更精准地理解你的需求。掌握关键词优化的技巧，可以从以下五个方面入手。

1. 明确搜索目标

在输入关键词之前，先明确你想要查找的内容。例如，你想搜索"如何做一道美味的红烧肉"，那么关键词可以是"红烧肉做法"或"红烧肉食谱"。明确的目标能帮助你选择更精准的关键词。

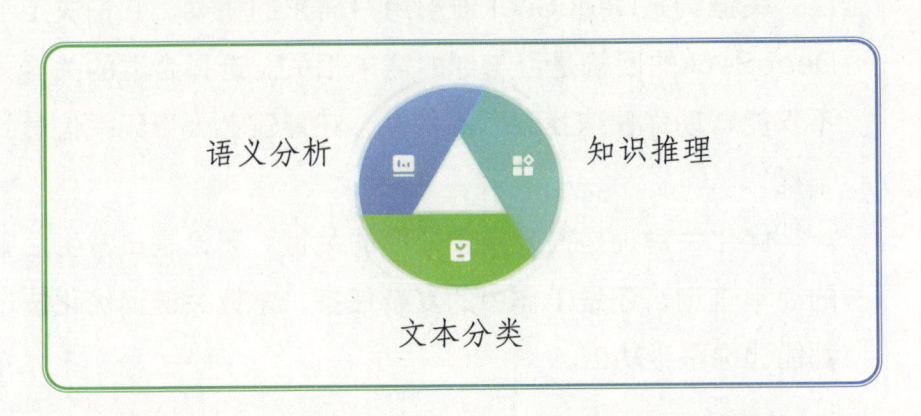

语义分析　　知识推理

文本分类

2. 使用具体词语

避免使用过于宽泛的词语。例如，搜索"健康饮食"可能会收到大量无用信息，而搜索"健康饮食减肥"得到的回答则会更加精准。使用具体的词语能帮助 DeepSeek 更好地理解你的需求。

模糊指令与精准指令结果对比

用户身份	模糊指令及结果	精准指令及结果
新手妈妈	指令：宝宝辅食 结果：海量食谱	指令：7月龄宝宝米粉冲泡，比例、水温要求 结果：精确操作指南
健身爱好者	指令：减肥饮食 结果：理论科普	指令：增肌期碳水循环食谱，备餐时间15分钟以内 结果：可执行食谱表
租房族	指令：朝阳区租房 结果：中介广告	指令：望京地铁站1公里内，整租一居室，预算6000元以内 结果：精准房源列表
数码小白	指令：电脑卡顿怎么办 结果：重启建议	指令：Windows系统SSD硬盘，开机2分钟后卡顿解决方案 结果：针对性故障排除指南

3. 利用长尾关键词

> 长尾关键词是指那些较为具体、搜索量相对较低但转化率较高的关键词。例如，搜索"2025年最新款智能手机"比搜索"智能手机"更能找到你想要的信息。长尾关键词虽然搜索量不大，但往往能获得更精准的结果。

4. 使用同义词和相关词语

> 有时候，同一个概念可能有多种表达方式。例如，搜索"AI"时，可以尝试使用"人工智能"或"机器学

习"等词语。通过使用同义词和相关词语，你可以扩大搜索范围，找到更多相关信息。

5. 排除无关词语

如果你发现搜索结果中包含大量无关信息，可以使用排除法。通过在搜索关键词后添加减号和需要排除的词语，就可以过滤掉与这些词语相关的内容，从而获得更加精准的结果。例如，搜索"苹果-水果"可以排除与水果相关的信息，专注于与苹果公司相关的内容。

简单来说，关键词是你与DeepSeek之间的"暗号"，只有当你输入正确的"暗号"，DeepSeek才能为你提供精准的答案。

高频问题指南

问题一：如何找到最新的信息？

在关键词中加入时间限定词，如"2025年"或"最新"，可以帮助你找到最新的信息。例如，搜索"2025年智能手机评测"，可以找到最新的手机评测文章。

❓ 问题二：如何避免搜索结果中的广告信息？

在关键词中加入"-广告"或"-推广"等排除词，就可以减少广告信息的干扰。例如，搜索"黄山旅游攻略网址-广告"可以过滤掉大部分广告信息。

黄山旅游攻略及注意事项

黄山旅游攻略网址 -广告

以下是关于黄山旅游的一些官方网站和资源，帮助你获取最新的旅游信息和攻略：

1. **黄山风景区官方网站**
   - 网址：http://www.hsqtour.com/
   - 内容：提供黄山风景区的详细介绍、门票信息、交通指南、天气预报等。

2. **黄山旅游官方平台**
   - 网址：http://www.tourmart.cn/
   - 内容：包含黄山旅游线路推荐、酒店预订、门票购买等服务。

问题三：关键词太多，找不到想要的信息怎么办？

首先，你需要使用"/focus"命令来聚焦核心关键词。输入"/focus核心词A核心词B"，这样可以帮助系统精准地搜索你真正需要的信息。

其次，你可以根据优先级给关键词排序，比如在关键词前加上"紧急"或"重要"等标签，以确保系统优先处理这些关键信息。

（1）用"/focus"聚焦核心词：/focus核心词A核心词B。

（2）按优先级排序：紧急、重要等关键词。

（3）启用关联扩展："/related"补充相关词。

假如你正在研究"人工智能在医疗领域的应用"，由于输入了太多关键词，如"人工智能 医疗 诊断 治疗 机器人 数据分析 未来趋势"，导致DeepSeek给出的结果过于杂乱，找不到真正有用的信息。

这时，你可以尝试输入"/focus人工智能 医疗"，这样系统会优先筛选出与"人工智能"和"医疗"相关的内容，忽略其他次要信息。

> 人工智能 医疗 诊断 治疗 机器人 数据分析 未来趋势, /focus 人工智能 医疗

人工智能在医疗领域的应用与未来趋势

人工智能（AI）在医疗领域的应用正在迅速扩展，涵盖诊断、治疗、数据分析等多个方面。以下是AI在医疗中的主要应用场景及未来趋势。

1. 诊断

- **医学影像分析**：AI在医学影像（如X光、CT、MRI）分析中表现出色，能够快速识别病变，如癌症、骨折等。深度学习算法通过大量数据训练，能够达到甚至超过人类专家的诊断水平。
- **病理学诊断**：AI可以辅助病理学家分析组织样本，识别癌细胞或其他异常细胞，减少人为误差。
- **早期筛查**：AI能够通过分析患者的病史、基因数据和生活方式，预测疾病风险，帮助患者进行早期干预。例如，AI可以用于早期发现糖尿病、心血管疾病等慢性病。

2. 治疗

- **个性化治疗**：AI能够根据患者的基因、病史和生活方式，提供个性化的治疗方案。例如，在癌症治疗中，AI可以帮助患者选择最有效的药物组合。
- **机器人辅助手术**：手术机器人（如达芬奇机器人）已经在全球范围内广泛应用。AI驱动的机器人能够进行精确的手术操作，减少手术风险和恢复时间。

如果你更关注"诊断"和"未来趋势"，可以标注优先级，比如输入"重要、诊断、紧急、未来趋势"，这样系统会优先显示与"诊断"和"未来趋势"相关的结果。

[重要] 诊断 [紧急] 未来趋势

诊断与未来趋势：人工智能在医疗诊断中的关键作用与紧急发展方向

在医疗领域，诊断是疾病治疗的第一步，也是最关键的环节之一。人工智能（AI）在诊断中的应用正在迅速改变医疗行业，未来趋势表明，AI将在诊断中发挥更加核心的作用。以下是关于AI在诊断中的应用及未来趋势的详细分析：
…………

> 如果你发现结果还不够全面，可以输入"/related人工智能 医疗"，系统会自动补充一些相关词语，比如机器学习、远程医疗、智能助手等，从而帮你找到更多有用的资料。
>
> 通过以上步骤，你可以更高效地找到关于"人工智能在医疗领域应用"的精准信息，而不会被过多的关键词干扰。

/related 人工智能 医疗

人工智能与医疗的相关领域

人工智能（AI）在医疗领域的应用不仅限于诊断和治疗，还涉及多个相关领域。以下是AI与医疗相关的关键领域及其应用场景：
…………

三 高级搜索技能

> 　　在进行信息检索时，掌握高级搜索技能就像拥有了一把打开知识宝库的钥匙。DeepSeek具备许多高级功能，能够帮助用户更精准、更高效地找到所需信息。虽然普通用户较少使用这些功能，但掌握之后，将极大提升搜索效率。本节将详细介绍这些功能和一些隐藏功能，帮助用户解锁DeepSeek的高级搜索技能。

DeepSeek的三大模式

　　DeepSeek有三大模式，包括基础模型（V3）、深度思考（R1）和联网搜索（RAG）。基础模型是通用模式，高效便捷，适用于大多数任务。深度思考擅长逻辑推理与内容生成，开启深度思考模式，AI能够进行更复杂的推理和分析，提供更精准的答案；联网搜索可以实时获取网络最新信息。

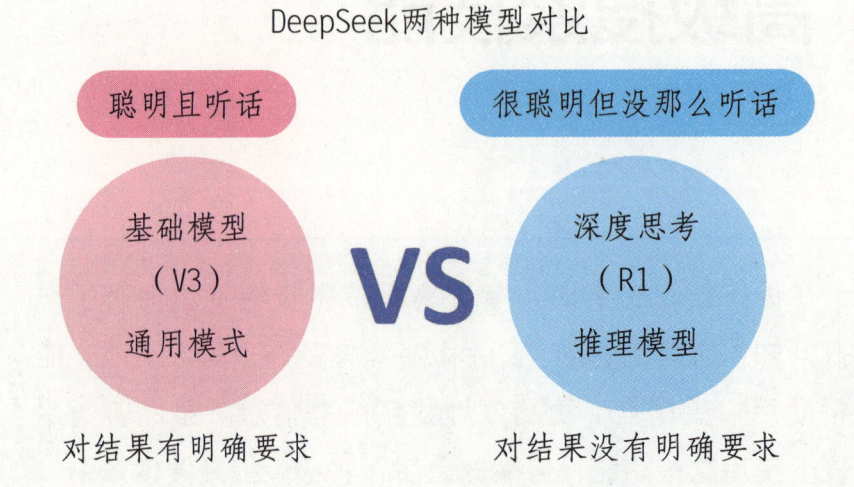

DeepSeek两种模型对比

聪明且听话　　　　　很聪明但没那么听话

基础模型（V3）通用模式　VS　深度思考（R1）推理模型

对结果有明确要求　　　对结果没有明确要求

三大模式对比表

类别	基础模型	深度思考	联网搜索
规范性	明确规则约束（操作路径明确）	需要逻辑推理/多轮对话的问题	需要最新实时信息的问题
结果导向	目标确定性高（结果可预期）	商业决策分析、学术论文框架构建	实时股票行情、突发事件进展
路径灵活性	线性路径（流程标准化）	允许模糊提问和多条件组合	需明确时间/地点等限定词
响应模式	被动适配（按规则执行）	需计算推理	实时抓取
风险特征	低风险（稳定可控）	结构化分析报告	时效性信息摘要

DeepSeek的基础模型是通用模型，具有明确的规范性和结果导向。

深度思考模式和联网搜索模式是在不同应用场景下的功能模式，分别适用于逻辑推理和实时信息获取。

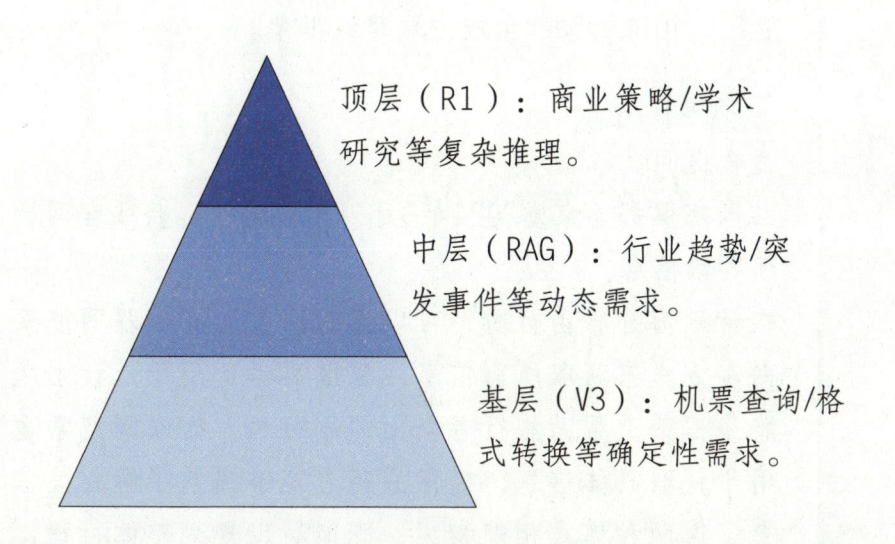

顶层（R1）：商业策略/学术研究等复杂推理。

中层（RAG）：行业趋势/突发事件等动态需求。

基层（V3）：机票查询/格式转换等确定性需求。

双引擎组合使用案例

深度思考和联网搜索两种模式也可协同工作，即既提供深度分析，又保证信息时效性。用户可根据需求灵活切换或组合使用。

场景 计划海外自由行

> **深度思考**
> 适合提问：
> "设计14天西班牙深度游路线，重点体验建筑与美食"，由DeepSeek生成主题路线框架。
>
> **联网搜索**
> 适合提问：
> "巴塞罗那圣家堂2024年8月门票价格"，获取官网最新购票信息。
>
> 在计划海外自由行时，可以通过深度思考和联网搜索两种方式来获取所需信息。深度思考适用于设计主题路线框架，帮助旅行者全面规划行程。而联网搜索适用于获取具体信息，确保旅行者能够提前了解相关信息。这两种模式相辅相成，既能帮助规划整体行程，又能解决具体问题，确保旅行顺利。

DeepSeek隐藏功能使用场景

  DeepSeek有很多隐藏功能，适用不同的场景。下表列举了DeepSeek隐藏功能的部分适用场景及其优缺点。

DeepSeek隐藏功能及适用场景分析表

隐藏功能	适用场景	示例	优点	缺点
角色扮演	专业领域咨询、模拟对话	扮演医生，分析我的体检报告	模拟专家提供专业建议	需要明确角色设定
文件上传与分析	文档处理、信息提取	上传PDF，提取关键信息并生成摘要	快速处理文档并提取关键信息	文件格式和大小有限制
数据可视化	数据分析、报告制作	输入销售数据，生成柱状图	生成直观的图表	需要输入结构化数据
代码生成与调试	编程辅助、代码优化	用Python写一个快速排序算法	快速生成和优化代码	复杂逻辑可能需要手动调整
多语言翻译	跨语言交流、文档翻译	将中文翻译成英文	支持多种语言翻译	翻译质量依赖语料库
知识库调用	企业内部知识管理、专业领域搜索	调用公司技术文档，回答技术问题	调用内部知识库，提供精准答案	需要提前上传和整理知识库
自动化工作流程	市场营销、项目管理	设置日报生成任务，每天自动发送	提高工作效率	初始设置复杂
跨模态融合	多媒体内容创作、综合数据分析	输入文本和图片，生成图文并茂的报告	处理多种类型数据	需要输入高质量的多模态数据

高频问题指南

　　DeepSeek还具备精确匹配、限定搜索范围、查找特定文件类型、排除无关信息、多条件搜索等高级功能，这些功能如何应用呢？

问题一：如何找到某个主题的PDF文件？

使用"filetype:"命令查找特定文件类型。

如果你需要查找特定类型的文件，如PDF、Word文档或Excel表格，可以使用"filetype:"命令。例如，搜索"filetype:pdf人工智能报告"会返回所有与人工智能相关的PDF文件。这个功能非常适合查找学术论文、技术报告或其他资料。

filetype:pdf 人工智能报告

已搜索到 49 个网页

以下是关于"人工智能报告"的相关PDF文件及其内容的总结和链接，供您参考：

1. 人工智能报告.pdf - 原创力文档
- 内容概述：该报告简要介绍了人工智能的定义、发展现状、应用领域及未来趋势。报告指出，人工智能在语音识别、图像识别、自然语言处理等领域取得了显著进展，并在医疗、金融、教育等行业广泛应用。未来，人工智能将更加智能化、个性化和人性化，但也面临伦理道德和隐私安全等挑战 ①。
- 链接：人工智能报告.pdf

2. 计算机行业人工智能系列报告（一）:终端智能人工智能AI的新革命
- 内容概述：该报告探讨了终端智能的发展趋势，指出端云混合的AI是未来的发展方向。报告还提到，轻量化模型（如Mixtral 8x7B）在终端设备上的部署前景广阔，2024年有望成为终端智能元年。报告还分析了AI PC、AI手机等终端设备的市场潜力 ②。
- 链接：终端智能人工智能AI的新革命

3. 2024年人工智能指数报告 - 赛迪译丛
- 内容概述：该报告由斯坦福大学发布，涵盖了人工智能的研发、技术性能、经济影响、政策治理等方面的最新进展。报告显示，2022年全球人工智能出版物数量较2010年增长了两倍，机器学习领域的增长尤为显著。此外，中国和美国在人工智能专利授权量上占据主导地位 ⑪。
- 链接：2024年人工智能指数报告

第二章 智能搜索革命

❓ 问题二：如何同时查找多个相关主题的信息？

> 使用"OR"命令进行多条件搜索。
>
> 当你需要查找多个相关主题时，可以使用"OR"命令。例如，搜索"人工智能OR机器学习"会返回与人工智能或机器学习相关的内容。

人工智能 OR 机器学习

🔍 已搜索到 44 个网页

以下是关于"人工智能"和"机器学习"的综合信息，涵盖定义、发展现状、应用场景及未来趋势等内容：

1. 人工智能与机器学习的定义

- **人工智能（AI）**：指通过计算机算法和模型模拟人类智能的技术，包括学习、推理、理解语言、识别图像等能力。AI可以分为弱人工智能（专注于特定任务）和强人工智能（具备全面认知能力）[1] [15]。
- **机器学习（ML）**：是AI的一个子集，通过算法和统计模型使计算机从数据中学习并改进性能，而无需显式编程。ML的核心是通过数据训练模型，使其能够预测或分类新数据 [1] [4]。

2. 发展现状

- **技术进步**：近年来，AI和ML在算法、硬件和数据规模上取得了显著进展。深度学习、强化学习等技术的突破推动了AI在多个领域的应用 [1] [9]。
- **应用普及**：AI和ML已广泛应用于自然语言处理（如语音助手）、计算机视觉（如图像识别）、智能驾驶、医疗诊断等领域 [1] [12]。
- **行业影响**：AI正在改变传统行业，如金融（风险评估）、教育（个性化学习）、制造业（智能制造）等 [12] [13]。

- 41 -

❓ 问题三：如何查找标题中包含特定标题的网页？

使用"intitle:"命令查找特定标题的网页。

如果你需要查找包含特定词的网页标题，可以使用"intitle:"命令。例如，搜索"intitle:人工智能"会返回所有标题中包含"人工智能"的网页。

intitle:人工智能

已搜索到 47 个网页

以下是标题中包含"人工智能"的相关内容及其总结：

❓ 问题四：如何找到特定网站内的信息？

使用"site:"命令限定搜索结果来自特定网站。

例如，搜索"site:zhihu.com健康饮食"可以找到知乎上关于健康饮食的内容。

第二章 智能搜索革命

`site:zhihu.com 健康饮食`

如果你想在知乎（zhihu.com）上搜索关于"健康饮食"的内容，可以直接在知乎的搜索栏中输入关键词"健康饮食"，或者使用以下链接进行访问：

知乎搜索：健康饮食

问题五：如何查找与某个网站相关的其他网站？

使用"related:"命令查找相关网站。

例如，搜索"related: zhihu.com"会返回与知乎相关的其他网站。这个功能非常适合扩展信息来源。

问题六：不知道具体年份，想获取某年的特定内容怎么办？

用"*"作为通配符替代未知信息。这种方法可以帮助你在DeepSeek中进行更灵活的搜索。

例如，搜索"*年新能源补贴政策"，DeepSeek会返回与新能源补贴政策相关的多个年份的结果。

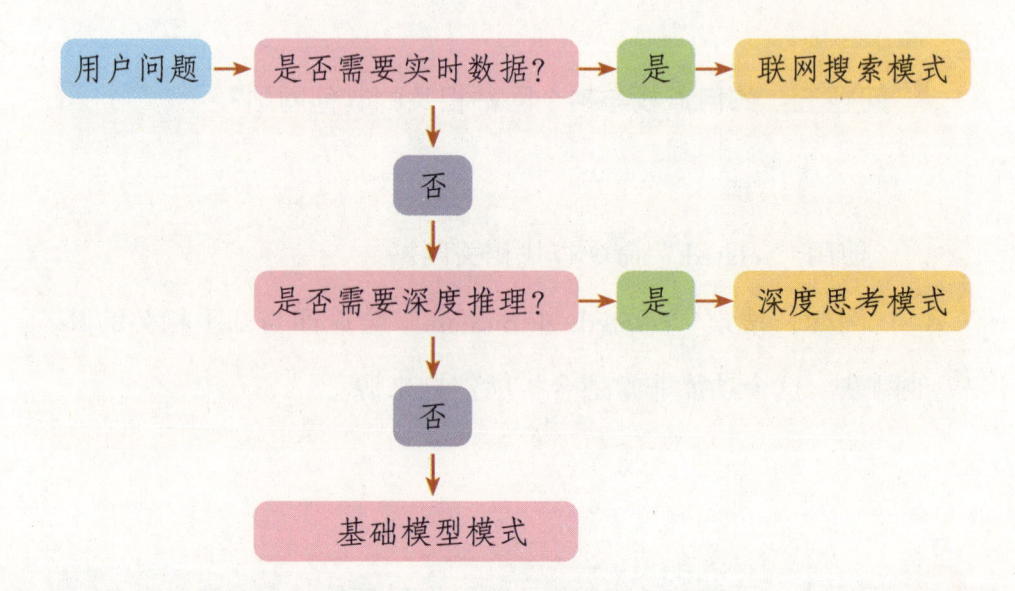

问题七：如何选择DeepSeek的三大适用模式？

可以通过下面的图表来判断选择哪种模式。

用户问题 → 是否需要实时数据？ —是→ 联网搜索模式
　　　　　　　　↓否
　　　　　　是否需要深度推理？ —是→ 深度思考模式
　　　　　　　　↓否
　　　　　　基础模型模式

四 DeepSeek 在不同场景中的应用

> DeepSeek不仅仅是一个智能助手，更是生活中的全能伙伴。无论是职场中的复杂任务，还是生活中的琐碎问题，DeepSeek都能为你提供高效的解决方案。

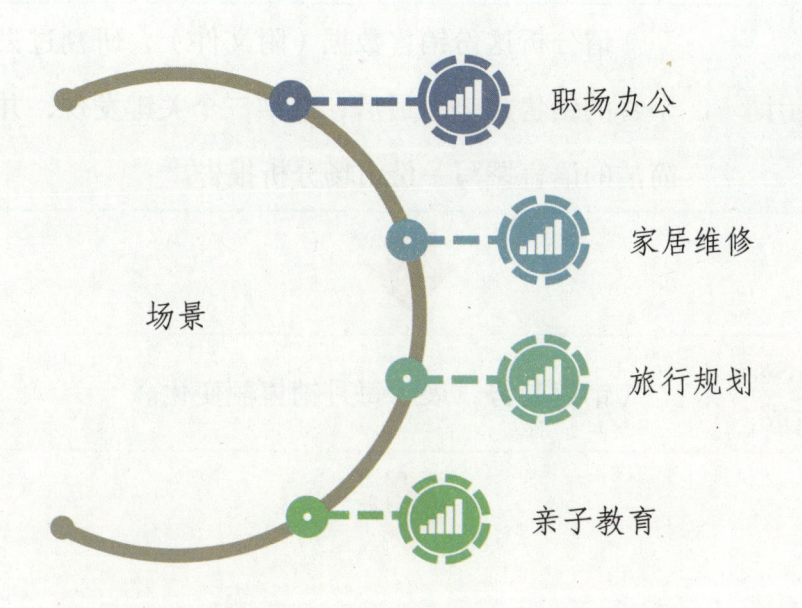

场景
- 职场办公
- 家居维修
- 旅行规划
- 亲子教育

职场办公：提高工作效率的智能助手

在职场上，时间就是效率，而DeepSeek正是帮你提高工作效率的得力助手。无论是处理海量数据、生成专业报告，还是高效整理会议要点，它都能以智能化的方式为你节省时间，让你专注于更具创造性的工作。DeepSeek让职场生活更轻松、更高效。

1. 数据分析与报告撰写

场景 你需要分析一份销售数据，并撰写一份市场分析报告。

提示词 请分析这份销售数据（附文件），研判过去三个月的销售趋势。最后，总结三个关键发现，并用简洁的语言撰写一份市场分析报告。

DeepSeek 生成 销售趋势，展示每月销售额变化。

关键发现	（1）第三季度销售额增长20%，主要得益于新产品发布。 （2）东部地区销售额占比最高，达到45%。 （3）线上渠道销售额同比增长30%，线下渠道持平。

技巧	**明确任务**：告诉DeepSeek你需要分析数据和撰写报告。 **提供数据**：上传文件，确保DeepSeek有足够的数据进行分析。 **指定输出内容**：要求生成图表和简洁的报告。

2. 会议纪要整理

场景 你需要整理一份长达1小时的会议录音。

提示词 请将这份会议录音（附文件）整理成会议纪要，内容包含关键决策、责任人和时间节点，以表

| 提示词 | 格的形式呈现。 |

DeepSeek 生成	关键决策	责任人	时间节点
	新产品上线计划	张经理	10月15日
	市场推广预算调整	李总监	11月1日
	客户反馈系统优化	王主管	12月1日

| 技巧 | 明确需求：告诉DeepSeek你需要整理会议纪要，并指定输出格式（表格）。
提供文件：确保DeepSeek有足够的素材进行整理。 |

家居维修：解决生活小问题的智能帮手

生活中难免会遇到一些小麻烦，比如家电突然罢工或墙面出现裂痕，而DeepSeek就像一位随时待命的维修专家，能为你提供即时的解决方案。无论是排查故障还是修复家居，它都能用简单易懂的步骤，帮你轻松搞定这些生活问题。让DeepSeek成为你的智能家居维修助手，生活从此更省心！

1. 家电故障排查

场景 家里的洗衣机突然不工作了。

提示词 我家的洗衣机突然不工作了，型号是×××。请帮我排查可能的原因，并提供维修步骤。

DeepSeek 生成

（1）可能原因：

①电源线松动或损坏。

②水位感应器发生故障。

③电机启动过热保护。

（2）维修步骤：

①检查电源线是否连接正常。

②检查水位感应器是否正常工作。

③等待30分钟，待电机冷却后再试。

⬇

| 技巧 | 提供详细信息：告诉DeepSeek家电的型号和具体问题。
要求具体步骤：让DeepSeek提供详细的故障排查和维修步骤。 |

2. 墙面修补

场景 墙面上有一个小洞，需要修补。

| 提示词 | 墙面上有一个直径2厘米的小洞，请告诉我如何用最简单的工具修补。 |

⬇

| DeepSeek 生成 | （1）所需工具：墙面修补膏、刮刀、砂纸、油漆。
（2）修补步骤：
①用刮刀将修补膏填入小洞。 |

| DeepSeek 生成 | ②等待修补膏干燥后，用砂纸打磨平整。
③涂上与墙面颜色一致的油漆。 |

| 技巧 | 明确问题：告诉DeepSeek墙洞的大小和位置。
提出具体要求：让DeepSeek提供最简单的修补方案。 |

旅行规划：定制你的完美旅程

旅行是一场探索未知的冒险，而DeepSeek则是你贴心的行程规划师。无论是设计一条独特的旅行路线，还是帮你精打细算控制预算，它都能根据你的需求，定制属于你的完美旅程。让DeepSeek带你轻松出发，享受每一段旅途的美好时光！

1. 行程规划

场景　你计划去西班牙旅行10天，希望获得详细的行程规划。

| 提示词 | 我计划去西班牙旅行10天，主要想去马德里、巴塞罗那、塞维利亚。 |

⬇

| DeepSeek 生成 | Day1~3：马德里

景点推荐：马德里皇宫、普拉多博物馆、丽池公园。

住宿：市中心酒店，交通便利，便于游览各大景点。

Day4~6：巴塞罗那

景点推荐：圣家堂、巴特罗之家、米拉之家。

住宿：靠近兰布拉大道的经济型酒店，方便购物和品尝当地美食。

Day7~10：塞维利亚

景点推荐：塞维利亚大教堂、阿尔卡萨尔宫、西班牙广场。

住宿：传统西班牙风格民宿，可体验地道的西班牙文化。 |

⬇

技巧	明确需求：告诉DeepSeek你的旅行目的地和时间。 要求详细规划：让DeepSeek提供包含交通、住宿和景点在内的详细行程。

2. 预算控制

场景 你希望将旅行预算控制在1万元以内。

提示词	我打算去西班牙旅行10天，预算约1万元。请帮我规划一个经济型行程，包含交通、住宿和餐饮的预算分配。

⬇

DeepSeek生成	交通：约3000元（含往返机票和当地交通卡）。 住宿：约4000元（经济型酒店或民宿，平均每晚400元左右）。 餐饮：约2000元（每日预算200元，品尝地道

DeepSeek 生成	的西班牙美食）。 景点门票：约1000元（根据各景点门票价格合理分配）。

⬇

技巧	明确预算：告诉DeepSeek你的预算上限。 要求预算分配：让DeepSeek提供详细的预算分配方案。

亲子教育：科学育儿的智能顾问

在孩子的成长过程中，科学的教育方式至关重要，而DeepSeek正是你育儿路上的智慧伙伴。它不仅能根据孩子的兴趣和学习进度量身定制个性化的学习计划，还能为你提供丰富的教育资源和方法建议。让DeepSeek陪伴你和孩子一起在知识的海洋自由探索，让学习变得更高效、更有趣！

儿童学习计划

场景 你希望为5岁的孩子制订一个学习计划。

提示词
我5岁的孩子正在学习英语和数学，请帮我制订一个每周学习计划，包含每天的学习内容和游戏活动。

DeepSeek生成
周一至周五：
英语：每天20分钟，学习字母和简单单词。
数学：每天15分钟，学习数字和简单加减法。
周末：
英语游戏：单词卡片配对。
数学游戏：数字拼图。

技巧
明确需求：告诉DeepSeek孩子的年龄和学习目标。
要求具体计划：让DeepSeek提供每天的学习内容和游戏活动。

第三章

智慧写作

无论是职场汇报，还是创意文案、自媒体文章，清晰、准确、高效的表达都至关重要。DeepSeek的出现，让写作变得更加便捷高效。本章将讲解一套实用的写作方法论，涵盖思维构建、素材积累、结构搭建和语言表达，教用户借助DeepSeek激发创作灵感，提升写作效率。

一 短视频脚本设计

> 短视频已经成为现代社会人们表达创意、分享生活的重要方式。无论是个人博主还是企业营销，短视频脚本的设计都至关重要。DeepSeek作为一款强大的AI工具，在短视频创作中能够帮助用户快速生成分镜、台词，并结合网络热梗，提升视频的吸引力和传播效果。

分镜设计：让画面更有层次感

分镜是短视频创作的基础，它决定了视频的节奏和视觉效果。DeepSeek可以帮助你快速生成分镜脚本，确保每个镜头都能有效传达信息。

1. 场景描述

在DeepSeek中输入你想要表达的主题或故事情节，AI会根据你的描述生成多个场景建议。例如，你要拍摄一条美食短视频，DeepSeek可以为你生成食材准备、烹饪过程、成品展示等场景。

2. 镜头切换

DeepSeek可以根据场景推荐镜头切换拍摄方式，如特写、中景、全景等。你可以根据DeepSeek的建议调整镜头，确保画面丰富多样。

3. 节奏控制

短视频的节奏非常重要，DeepSeek可以根据视频时长自动调整分镜的时长分配，确保每个镜头都能在有限的时间内吸引观众的注意力。

台词生成：让语言更生动

台词是短视频的灵魂，好的台词能够让观众产生共鸣。DeepSeek可以根据你的需求生成符合场景需要的台词，并结合网络热梗，提升视频的趣味性。

1. 台词风格选择

DeepSeek支持多种台词风格，如幽默、正式、感性等。你可以根据视频的主题选择适合的风格。例如，你要拍摄一个搞笑视频，就可以选择幽默风格。

2. 网络热梗融入

DeepSeek能够实时追踪网络热点，将最新的热梗融入台词。例如，你要拍摄一个关于"内卷"的视频，DeepSeek可以生成一些与"内卷"相关的幽默台词。

3. 台词优化

> 如果你对生成的台词不满意，DeepSeek还能对台词进行优化。你可以输入自己的初步想法，DeepSeek会根据你的需求进行优化，确保台词更加贴合视频主题。

网络热梗应用：让视频更具传播力

网络热梗是短视频传播的关键，能够迅速吸引观众的注意力。DeepSeek不仅能够帮助你找到最新的网络热梗，还能将其巧妙地融入视频。

1. 热点追踪

> DeepSeek能够实时分析网络热点，捕捉最新的网络热梗。例如，你在对话框中输入"最新的热梗"，DeepSeek会列出当前的网络热梗，并提供使用建议。

2. 网络热梗的时效性

> 网络热梗的时效性非常重要，DeepSeek能够根据时间节点推荐适合的网络热梗。例如，在节假日期间，DeepSeek会推荐一些与节日相关的网络热梗，帮助你制作更具时效性的视频。

3. 网络热梗的合理嵌入

> DeepSeek会根据视频内容，合理嵌入网络热梗。例如，在搞笑短视频中，DeepSeek会在关键情节处插入网络热梗，增强视频的戏剧效果。

高频词汇总结与案例分析

在短视频创作领域，DeepSeek作为一款强大的人工智能工具，能够帮助创作者高效地产出吸引观众的脚本。以下是一些在短视频脚本创作中的高频词汇与具体案例分析，以帮助用户更好地利用DeepSeek进行短视频脚本的创作。

> **高频词汇**
>
> 主题定位：明确视频的核心内容，如时尚穿搭、美食制作等。
> 目标受众：确定视频的主要观看群体，如年轻人、全职妈妈等。
> 故事框架：构建视频的情节结构，包括开头、发展、高潮和结尾。
> 精练语言：简短有力的表达，避免冗长和复杂的句子。
> 创意元素：添加反转、悬念等手法，提升视频的吸引力。
> 数据分析：通过DeepSeek分析用户行为，优化脚本内容。

在掌握了短视频脚本的基本要素后，我们来看一些应用案例。这些案例展示了如何在不同类型的短视频中使用DeepSeek来优化脚本内容。

DeepSeek在不同短视频类型中的应用案例

短视频类型	时尚穿搭	美食制作	脚本优化
背景描述	一位时尚博主想要制作一期关于春季穿搭的短视频	一位美食博主想要制作一期关于家常菜的短视频	一位短视频创作者已经制作了一期关于旅游景点的短视频，但脚本内容不够吸引人

（续表）

短视频类型	时尚穿搭	美食制作	脚本优化
使用 DeepSeek 步骤	（1）输入主题定位和目标受众信息；（2）请求生成包含潮流元素和穿搭技巧的脚本	（1）输入主题定位和目标受众信息；（2）请求生成步骤清晰、语言简洁的脚本	（1）输入原脚本进行分析；（2）根据分析结果优化脚本；（3）再次输入优化后的脚本进行分析
DeepSeek 输出	结构完整、语言精练的脚本，包含开头引入、单品介绍、穿搭技巧、结尾引导	步骤详细、语言简洁的脚本，包含材料介绍、烹饪步骤、小贴士和成品展示	分析出脚本的不足之处，并提供优化建议。优化后的脚本更加吸引人
创意元素	加入反转剧情，如"从不起眼的单品到惊艳全场的搭配"	加入趣味性的烹饪小窍门，如"如何快速切洋葱不流泪"	根据分析结果添加引人入胜的故事、互动环节或悬念设置
数据分析应用	分析观众反馈，调整穿搭推荐	分析观看时长和互动情况，优化菜品选择和烹饪步骤介绍	通过观众反馈验证 DeepSeek 的优化效果

高频问题指南

问题一：如何快速生成一个完整的分镜头脚本？

首先，确定视频的主题和场景关键词。例如，输入"校园爱情故事+操场告白"，DeepSeek会生成多个场景和镜头建议。你可以通过与DeepSeek进行多轮对话，逐步优化分镜头脚本，直到满意为止。

❓ 问题二：如何让台词更符合角色性格?

在生成台词时，用户可输入角色的详细设定（如性格特点、故事背景等）。DeepSeek会根据角色设定生成符合其性格的台词。例如，输入"主角：幽默的年轻人+场景：教室相遇"，DeepSeek会生成一系列幽默风趣的台词。

> 主角：幽默的年轻人+场景：教室相遇，生成一段幽默风趣的台词。

场景：教室相遇

主角（刚走进教室，看到一位同学正在黑板上涂鸦）：
"嘿，艺术家！你这是准备把教室改造成现代艺术博物馆吗？不过我得提醒你，校长的审美可能还停留在'黑板只能写字'的阶段。"

同学（笑着回头）：
"哈哈，我只是在给这无聊的数学公式加点'色彩'。再说了，万一我的涂鸦能启发下一个毕加索呢？"

❓ 问题三：如何避免网络热梗过度使用?

DeepSeek会根据视频内容，合理分配网络热梗的使用频率。例如，在搞笑短视频中，DeepSeek会在关键情节处插入网络热梗，避免过度使用导致观众审美疲劳。

二 小说情节生成

> 在小说创作中，无论是构建一个先进的世界观，还是设计复杂的人物关系网，都需要作者具备丰富的想象力和逻辑思维能力。DeepSeek作为一个强大的AI工具，能够在这一过程中为作者提供极大的帮助。通过DeepSeek，作者可以快速完善故事情节，并构建出立体的人物关系网。

小说世界观构建

小说背景设定，也就是小说的世界观，它决定了故事的规则和逻辑关系。一个完整的小说背景不仅能让读者沉浸其中，还能为后续的情节发展提供逻辑支持。DeepSeek可以通过以下几种方式帮助作者构建世界观。

1. 背景设定生成

DeepSeek可以根据作者提供的关键词或主题，生成一个完整的小说背景。例如，输入"未来科技城市"，DeepSeek可以生成一个关于高科技社会的详细描述，包括城市结构、社会阶层、科技水平等。

2. 规则与逻辑完善

在构建小说世界观时，DeepSeek可以帮助作者完善小说设定的规则和逻辑。例如，作者设定了一个魔法世界，DeepSeek可以提供关于魔法体系、魔法师等级、魔法物品等的详细建议，确保世界观的逻辑自洽。

3. 文化与历史背景

DeepSeek还可以帮助作者构建小说的文化与历史背景。通过输入一些关键词，如古代帝国、战争等，DeepSeek可以生成相关的历史事件等，使小说的内容更加丰富和立体。

人物关系网设计

人物关系网是小说情节发展的核心。一个复杂而合理的人物关系网不仅能让故事更加引人入胜，还能为角色之间的互动提供更多的可能性。DeepSeek在人物关系网设计方面提供了以下帮助。

1. 角色生成与设定

DeepSeek可以根据作者的需求生成多个角色，并为每个角色提供详细的背景设定。例如，输入"主角：勇敢的年轻战士"，DeepSeek可以生成一段关于该角色的详细描述，包括性格特点、成长经历等。

2. 关系网构建

DeepSeek可以帮助作者构建角色之间的关系网。通过输入角色之间互动的关键词，如敌对、盟友、恋人等，DeepSeek可以生成一个复杂的关系网图，帮助作者厘清角色之间的互动逻辑。

3. 冲突与矛盾设计

> DeepSeek可以帮助作者设计角色之间的冲突与矛盾。通过分析角色之间的关系，DeepSeek可以提出一些潜在的冲突点，如利益冲突、情感纠葛等，为情节发展提供更多的戏剧性。

DeepSeek在小说情节生成中的隐藏功能

在进行小说写作时，作者可以使用DeepSeek的一些隐藏功能，完善小说内容。

1. 关键词优化

> 在使用DeepSeek生成内容时，关键词的选择非常重要。作者可以通过输入更具体的关键词来获得更精准的生成结果。例如，输入"未来科技城市+环境污染"，可以获得一个关于未来科技城市中环境污染问题的详细描述。

2. 多轮对话优化

DeepSeek支持多轮对话，作者可以通过不断与DeepSeek互动来优化生成的内容。例如，在生成小说世界观后，作者可以继续与DeepSeek讨论细节，逐步完善背景设定。

3. 跨领域灵感

DeepSeek不仅可以生成与小说相关的内容，还可以提供其他领域的知识。例如，作者可以通过DeepSeek获取历史、科学、艺术等领域的知识，将这些知识融入小说创作，使故事更加丰富和多元。

高频词汇总结与案例分析

在使用DeepSeek进行小说创作时，作者可以参考以下高频词汇和案例。这些词汇和案例可以帮助作者更好地利用DeepSeek进行小说情节生成、世界观构建和人物关系网设计。

> **高频词汇**
>
> 世界观：背景设定、规则逻辑、文化历史、社会结构、科技水平、魔法体系、军事冲突、历史事件
>
> 人物关系：角色生成、性格特点、成长经历、动机、关系网、矛盾冲突、互动逻辑、情感纠葛
>
> 创意写作：灵感生成、情节设计、分镜头、台词、网络热梗、戏剧性、个性化语言
>
> 使用技巧：关键词、多轮对话、跨领域、避免模板、细节完善、逻辑自洽

通过掌握高频词汇，创作者可以更精准地输入关键词，从而引导DeepSeek生成符合需求的内容。接下来，我们将通过具体案例展示如何利用高频词汇生成复杂的世界观、人物关系网和情节设计，让创作者更好地利用DeepSeek的强大功能。

DeepSeek在小说创作中的多样化应用案例

案例类型	输入关键词	DeepSeek 生成内容	使用技巧
世界观构建	未来科技城市+环境污染+贫富差距	生成一个未来科技城市的详细描述，包括高科技设施、环境污染问题、社会阶层分化等	使用具体关键词组合，避免模板化；通过多轮对话完善细节
人物关系网设计	主角：勇敢的年轻战士+敌对势力+盟友	生成主角的详细背景设定，并构建与敌对势力和盟友的复杂关系网，包括冲突点和合作动机	输入角色互动关键词，生成关系网图；通过多轮对话优化角色之间的互动逻辑

（续表）

案例类型	输入关键词	DeepSeek 生成内容	使用技巧
创意写作灵感	古代帝国+魔法体系+历史事件	生成一个古代帝国的历史背景，包括魔法体系的规则和魔法师等级	跨领域灵感结合，丰富故事背景；使用关键词优化生成内容
情节设计	太空探索+人工智能叛乱+人类生存危机	生成一个关于太空探索的故事框架，包括人工智能叛乱的起因、人类如何应对生存危机等情节	通过多轮对话逐步完善情节设计；增加戏剧性冲突，使故事更具吸引力
角色生成	反派：冷酷的商人+利益至上+复杂动机	生成一个反派人物的详细背景设定，包括其冷酷性格、利益至上的行为动机和复杂的内心世界	输入角色性格关键词，生成详细设定；通过多轮对话完善角色的动机和背景
冲突与矛盾设计	恋人+家族仇恨+利益冲突	生成一对恋人之间的复杂关系，包括家族仇恨和利益冲突如何影响他们的感情发展	输入冲突关键词，生成潜在冲突点；通过多轮对话优化冲突的戏剧性
背景设定生成	魔法世界+龙族+元素魔法	生成一个魔法世界的详细背景设定，包括龙族的历史、元素魔法的规则和魔法师的社会地位	使用具体关键词组合，生成独特的小说世界观；通过多轮对话完善背景设定
台词与分镜设计	短视频脚本+搞笑+反转情节	生成一个搞笑短视频脚本，包括分镜头设计、台词和网络热梗的使用，以及反转情节的安排	输入脚本类型和风格关键词，生成详细脚本；通过多轮对话优化台词和分镜设计

高频问题指南

❓ 问题一：如何避免生成的内容过于模板化？

　　为了避免生成的内容过于模板化，你可以输入更多的细节和个性化元素。例如，在描述一个角色时，你不要仅仅输入"冷酷的商人"，而是可以进一步细化，如"冷酷的商人+利益至上+复杂动机+童年阴影"。这样，DeepSeek会根据这些细节生成一个更具深度和复杂性的角色。此外，你还可以通过多轮对话，逐步完善角色的背景故事和心理动机，使其形象更加立体和真实。

使用技巧总结：

输入具体且多样化的关键词组合。

通过多轮对话逐步完善内容。

添加个性化元素和细节描述。

第三章 智慧写作

? 问题二：如何生成更具深度和复杂性的世界观？

要生成一个更具深度和复杂性的小说世界观，你可以结合多个领域的知识和多样化的关键词。例如，输入"未来科技城市+环境污染+贫富差距+历史事件+魔法体系"，DeepSeek会根据这些关键词生成一个独特且丰富的小说世界观。此外，你还可以通过多轮对话，逐步讨论世界观的细节，如社会结构、文化习俗、政治制度等，使其更加立体和真实。

使用技巧总结：

结合多个领域的知识和多样化的关键词。

通过多轮对话逐步完善小说世界观的细节。

跨领域获取灵感，丰富故事背景。

? 问题三：如何利用DeepSeek跨领域获取灵感？

DeepSeek可以帮助你获取其他领域的知识，如历史、科学、艺术等，并将这些知识融入小说创作。例如，你可以输入"古代帝国+魔法体系+历史事件"，DeepSeek会根据这些关键词生成一个独特的古代帝国背景。此外，你还可以通过多轮对话，进一步探讨这些领域知识的细节，如古代帝国的政治制度、魔法体系的具体规则等，使故事更加丰富和多元。

使用技巧总结：

利用DeepSeek获取其他领域的知识。

将跨领域知识融入小说创作。

通过多轮对话探讨细节，丰富故事内容。

通过以上分析，你可以更好地利用DeepSeek进行创作，生成引人入胜的小说情节、复杂的世界观和立体的人物关系网。

三 公文模板库

> 在撰写通知、报告、整理会议纪要时，清晰、规范的表达至关重要。然而，你是否遇到过以下情况：时间紧迫，领导突然要求提交一份报告，而你却毫无头绪；表达不清，明明心中有想法，却不知如何用专业、得体的语言将自己的想法表达出来；格式混乱；灵感枯竭……DeepSeek作为一款强大的AI工具，可以帮用户高效完成各类写作任务。

公文写作的核心技巧

DeepSeek能快速构建逻辑清晰的文档框架，优化语言表达，并提供丰富的模板库，帮助用户高效完成符合规范的公文。

1. 结构化表达

公文写作强调逻辑清晰、层次分明。DeepSeek可以帮助你快速构建文档框架，例如通知的"背景—目的—要求"三段式结构，或报告的"问题—分析—建议"逻辑链。你只需输入关键词或进行简要描述，DeepSeek即可生成符合规范的初稿。

2. 语言规范化

公文写作要求简洁、正式、无歧义。DeepSeek内置了公文写作的语言模型，能够自动优化表达，避免口语化或句子冗长。例如，输入"请大家注意一下安全问题"，DeepSeek会将其优化为"请各部门高度重视安全工作"。

3. 模板化应用

DeepSeek提供了丰富的公文模板库，涵盖通知、报告、会议纪要等多种类型。你可以根据需求选择合适的模板，稍做修改即可快速生成符合要求的文档。

DeepSeek在公文写作中的隐藏功能

在公文写作中，细节往往决定成败，而DeepSeek正是你提升写作效率的秘密武器。它不仅能帮你优化关键词、完善表达，还能通过多轮对话精练内容，甚至自动校对格式，确保每一份公文都严谨规范。

1. 关键词优化

在撰写公文时，输入具体的关键词，DeepSeek可以帮助生成更精准的内容。例如，撰写一份会议纪要时，输入"季度总结会 + 销售数据分析 + 下阶段目标"，DeepSeek会自动提取会议核心内容，生成结构清晰的纪要。

2. 多轮对话

通过与DeepSeek进行多轮对话，你可以逐步完善文档内容。例如，生成初稿后，可以继续输入"增加数据支持"或"补充具体措施"，DeepSeek会根据你的需求调整生成内容。

3. 自动校对与规范格式

DeepSeek能够自动检查文档中的语法错误、格式问题，并按照公文规范进行调整。例如，DeepSeek可以根据你的要求将文档中的日期格式统一为"YYYY年MM月DD日"。

高频词汇总结与案例分析

在公文写作中，精准的语言和规范的格式是传达信息、确保沟通效率的关键。以下高频词汇与案例分析，能帮你快速掌握公文写作的核心要素，撰写出更加专业、严谨的公文，高效完成工作内容。

> **高频词汇**
> 结构化表达：通知、报告、会议纪要
> 语言规范化：公文语言优化
> 模板化应用：快速生成文档
> 关键词优化：精准生成内容
> 多轮对话：逐步完善文档
> 自动校对与规范格式：检查语法错误、统一格式

通过掌握高频词汇和结构化表达技巧，用户可以更高效地生成符合规范的公文内容。接下来，我们将通过具体案例展示DeepSeek在实际工作中的应用。

DeepSeek在公文写作中的应用案例

公文类型	高频词汇	案例分析
通知类	清晰传达、要素齐全、指向明确	以公司人力资源部的口吻，起草一份关于2025年新员工入职培训的通知，需包含培训时间安排、培训内容、注意事项，语言要简洁明了
请示类	说明背景、提出方案、恳切简明	以市场部经理的口吻，起草一份给公司高层的请示，主题是举办年度客户答谢会，需说明活动背景、具体方案、预期效果，要逻辑清晰
报告类	客观描述问题、分析问题、提出建议	以财务总监的口吻，起草一份2024年度公司财务状况的报告，需包含收入情况、支出分析、存在问题及下一步工作计划，要有具体数据支撑
决定类	政策依据、具体规定、严谨规范	以公司CEO的口吻，起草一份关于调整员工福利政策的决定，需包含政策依据、具体调整内容、执行时间，语言要严谨规范
命令类	形势判断、具体指令、简洁有力	以IT部门主管的口吻，起草一份关于紧急系统维护的命令，需包含维护原因、具体操作步骤、执行要求，语言要简洁有力
公告类	申请条件、办理流程、通俗易懂	以行政部的口吻，起草一份关于2025年度员工体检安排的公告，需包含体检时间、地点、注意事项，语言要通俗易懂
批复类	审核意见、明确具体	以公司总经理的口吻，起草一份对市场部关于新产品发布计划的批复，需包含计划审核意见、批复决定，语言要明确具体
意见类	现状分析、主要问题、改进措施	以运营总监的口吻，起草一份关于提升客户服务质量的意见，需包含现状分析、存在问题、具体措施，要逻辑清晰，便于操作

（续表）

公文类型	高频词汇	案例分析
函类	背景说明、具体事项、礼貌得体	以公司公关部的口吻，起草一份致合作伙伴的函，就联合举办行业峰会的合作事宜进行沟通，需包含活动背景、具体方案、支持事项，语言要礼貌专业
纪要类	会议概况、主要内容、客观准确	以公司行政助理的口吻，起草一份关于2025年第一季度业务发展会议的纪要，需包含参会情况、讨论要点、会议决定事项，内容要客观准确

四 社交文案

> 在社交媒体时代，社交文案已成为我们日常表达的重要方式。无论是朋友圈的分享、节日贺卡的祝福，还是道歉信的诚恳表达，一段恰到好处的文字不仅能传递情感，还能展现个人风格。然而，许多人常常为"写什么"和"怎么写"而苦恼。DeepSeek作为一款智能写作工具，可以帮助你轻松创作出打动人心的社交文案，让你的表达更加自然、真诚且富有创意。

社交文案的创作核心

DeepSeek能够精准捕捉读者的情感需求，生成贴合场景的内容，例如婚礼祝福或生日贺词，同时支持幽默、文艺、正式等多种风格设定，帮助用户创作出既真诚又有个性的文案，轻松打动目标受众。

1. 情感共鸣

社交文案的核心在于引发共鸣。

无论是朋友圈的日常分享，还是节日贺卡的祝福，都需要抓住读者的情感需求。例如，输入"生日祝福+幽默风格"，即可生成一段既温馨又风趣的文字。

2. 场景化表达

社交文案需要贴合具体场景。

DeepSeek可以根据不同的场景生成相应的内容。例如，输入"婚礼贺卡+温馨祝福"，DeepSeek会自动生成一段适合婚礼场景的祝福语，既庄重又充满温情。

3. 个性化风格

每个人的表达风格各不相同。

DeepSeek支持多种风格设定，如幽默、文艺、正式等。你可以根据自己的喜好选择风格，生成独具个性的文案。

高频词汇总结与案例分析

在社交媒体的浪潮中，精准而富有吸引力的文案是吸引眼球、传递信息的关键。接下来，我们将通过一系列高频词汇的解析与实战案例的分析，为你揭示如何借助DeepSeek，在各类社交场景中撰写出既贴合情境又触动人心的文案。

> **高频词汇**
> 情感共鸣：朋友圈、贺卡、道歉信
> 场景化表达：节日贺卡、朋友圈分享
> 个性化风格：设定文案风格
> 关键词优化：精准生成内容
> 多轮对话：逐步完善文案
> 网络热梗与流行语：结合当下热点

DeepSeek在社交平台上的文案创作示例

场景	DeepSeek 应用	文案示例
朋友圈分享	利用 DeepSeek 生成个性化文案	今天天气真好，阳光明媚，心情也跟着明媚起来！（加入表情符号，增加文案的生动性）

（续表）

场景	DeepSeek 应用	文案示例
微博热点评论	利用 DeepSeek 分析热点话题，生成有见地的评论	#热点话题# 对于这个问题，我认为……（结合热点话题，表达个人观点）
微信公众号推广	利用 DeepSeek 生成吸引人的标题和内容	【必看】如何在职场中脱颖而出？这些技巧你一定要掌握！（使用吸引人的标题，吸引读者点击阅读）
社交媒体广告	利用 DeepSeek 生成精准的广告文案	限时优惠！购买我们的产品，享受超值折扣！（突出优惠信息，吸引顾客购买）
社交媒体回应	利用 DeepSeek 生成高情商的回应	感谢你的关注和支持，我们会继续努力，为大家带来更好的内容！（对用户的关注和支持表示感谢，并表明未来的努力方向）

高频问题指南

问题一：如何让报告更具说服力？

在生成报告时，输入"数据支持+案例分析+具体建议"，DeepSeek会自动整合相关信息，生成逻辑严谨、内容翔实的报告。

问题二：会议纪要如何突出重点？

输入会议的核心议题和讨论要点，例如"季度总结会+销售目标达成情况+下一阶段计划"，DeepSeek会自动提取关键信息，生成简明扼要的会议纪要。

问题三：如何写出一条有吸引力的朋友圈文案？

输入朋友圈分享的核心内容，例如"旅行照片+文艺风格"，DeepSeek会自动生成一段既贴合照片内容又富有文艺气息的文案。你还可以输入"增加幽默感"或"加入网络热梗"等词语，让文案更具吸引力。

旅行照片（在从高到低的石板路间行走，两旁是商业小店）+文艺风格，生成一段既贴合照片又富有文艺气息的文案。增加幽默感或加入热点梗。

照片描述：一张旅行照片，主角正行走在一条高低错落的石板路上，两旁是充满烟火气的商业小店，阳光洒在石板路上，映出斑驳的光影。

文案：
"走在这条高低起伏的石板路上，仿佛踩进了时光的缝隙，左边是咖啡香，右边是烟火气，而我，正在'人间值得'的滤镜里迷路🌿。

有人说，旅行是为了逃离日常，但我觉得，这里更像是把日常打包成了'文艺限定版'——连路边的猫都比我更懂生活🐾。
阳光洒在石板上，影子拉得老长，像极了我的购物清单，越走越长🛍️。
（P.S. 如果找不到我，请留意那个在石板路上'一步三回头'的游客，毕竟，选择困难症患者连走路都要纠结方向🧭。）"

热点梗融入：
"这条石板路，简直是'网红打卡'界的隐藏BOSS，比某书上的推荐还要上头！🥑"

幽默感：
"虽然没找到诗和远方，但找到了奶茶和章鱼小丸子，这波血赚！🍢"

❓ 问题四：如何写出一段感人的节日祝福？

输入节日和祝福对象，例如"母亲节贺卡+温馨祝福"，DeepSeek会自动生成一段适合母亲节的祝福语。你还可以输入"增加个性化元素"，让贺卡更具独特性。

五 警惕 AI 幻觉

> 在智慧写作的世界里，DeepSeek无疑是一个强大的助手。然而，正如任何工具一样，AI也有其局限性。其中一个需要我们特别警惕的现象就是AI幻觉。所谓AI幻觉，指的是AI生成的内容看似合理，实际上可能包含错误信息或无法验证的数据。为了帮助大家更好地使用DeepSeek，避免被AI幻觉误导，本节将深入探讨如何识别和应对这一问题。

什么是AI幻觉

在DeepSeek的世界里，幻觉并非指梦境般的虚幻，而是指DeepSeek生成的内容看似合理却可能隐藏着错误或无法验证的信息。这种现象就像一位"知识魔术师"，有时会变出看似真实却经不起推敲的"戏法"。了解AI幻觉的本质，是我们在使用DeepSeek时避免被误导的第一步。AI幻觉通常表现为以下几种形式。

1. 无法验证的数据

AI可能会提供一些看似具体实际上无法验证的数据或事实。

2. 不合理的预测

AI有时会对未来事件或不确定的事情做出预测，这些预测可能缺乏依据。

3. 看似合理但错误的概念

AI生成的内容可能在逻辑上看似合理，实际上却包含错误内容或误导性的信息。

如何应对AI幻觉

面对AI幻觉，我们并非束手无策，而是可以通过一些巧妙的方法来"拆解"它的"魔术"。从设计提示语到验证输出结果，每一步都能帮助我们更好地驾驭DeepSeek。接下来，让我们一起探索如何用智慧和技巧，让DeepSeek成为真正可靠的助手！

1. 审慎设计提示语

在设计提示语时，尽量避免包含偏见或刻意表达立场。反复询问自己是否存在偏见或刻意印象。

2. 要求多角度分析

明确要求AI提供不同的观点或论据，这样可以减少单一观点带来的偏见。

3. 批判性思考

对AI输出的重要信息进行交叉验证，确保其准确性和可靠性。

4. 明确不确定性

鼓励AI在不确定时明确说明，避免做出不合理的预测。

5. 要求引用来源

明确要求AI提供信息来源，便于进一步验证。

如何更好地利用DeepSeek的隐藏功能避免AI幻觉的产生

DeepSeek有不少秘密武器——隐藏功能，它们不仅能帮你更高效地使用DeepSeek，还能有效避免AI幻觉的产生。接下来，我们将分享一些实用技巧，让你在使用DeepSeek时更加得心应手。

1. 多轮追问，层层深入

操作示例

提问：请告诉我关于气候变化的最新数据。

追问：这个数据的来源是什么？是否有权威机构支持？

2. 上下文记忆，连贯验证

操作示例

提问：请说一下工业革命的影响。

追问：你刚才提到的城市化进程，具体是从哪一年开始的？

3. 多模态信息处理，交叉验证

操作示例

提问：请解释一下全球人口的增长趋势。

追问：能否提供一张相关的趋势图？

4. 明确不确定性，避免被误导

操作示例

提问：未来十年内，AI会取代人类的工作吗？

要求：如果不确定，请说明原因。

5. 引用来源，增强可信度

操作示例

提问：请解释一下量子计算的基本原理。

追问：能否提供一些相关的学术文献或研究链接？

6. 分步提问，细化需求

操作示例

提问：请告诉我关于第二次世界大战的背景。

追问：这场战争的主要参战国有哪些？

高频词汇总结与案例分析

在使用DeepSeek时，掌握一些高频词汇和操作技巧，能让你轻松避开AI幻觉的陷阱。无论是学术研究、职场报告，还是日常生活，这些技巧都能帮你高效而准确地获取信息。

高频词汇

请提供来源：要求DeepSeek提供信息来源，便于验证信息的真实性。

多角度分析：要求DeepSeek从不同角度分析问题，减少因单一观点而产生的偏见。

是否确定：询问DeepSeek对某个答案的确定性，避免被不确定的信息误导。

请详细说明：要求DeepSeek提供更多细节，确保信息的完整性和准确性。

能否举例：要求DeepSeek通过具体例子解释抽象概念，增强理解。

交叉验证：通过多个问题或不同形式的数据验证DeepSeek的回答。

分步提问：将复杂问题拆解成多个小问题，逐步深入。

明确不确定性：要求DeepSeek在不确定时明确说明，避免猜测。

多轮追问：通过连续提问，深入挖掘问题的核心。

上下文关联：利用DeepSeek的上下文记忆功能，确保信息的连贯性。

DeepSeek在不同场景中避免AI幻觉产生的关键点

场景	问题	操作技巧	DeepSeek 回答示例	避免幻觉的关键点
学术研究	请解释量子计算的基本原理	要求提供来源和多角度分析	量子计算利用量子比特进行信息处理，具有并行计算的能力。来源：*Nature* 期刊2022年研究	通过引用来源和多角度分析，确保信息的权威性和全面性
职场报告	请帮我总结2023年全球经济增长趋势	要求详细说明和交叉验证	2023年全球经济预计增长3.5%，主要受亚太地区推动。数据来源：国际货币基金组织（IMF）	通过详细说明和交叉验证，确保数据的准确性和可靠性
生活常识	如何修复漏水的水龙头？	分步提问和明确不确定性	首先关闭水源，然后检查垫圈是否损坏。如果不确定，建议咨询专业水管工	通过分步提问和明确不确定性，避免错误操作
旅行规划	请推荐一条适合家庭游的欧洲路线	多轮追问和上下文关联	推荐路线：巴黎—罗马—巴塞罗那。追问：这些城市有哪些适合孩子的活动？	通过多轮追问和上下文关联，确保推荐内容符合实际需求
健康咨询	请解释高蛋白饮食的利弊	要求多角度分析和举例	高蛋白饮食有助于增肌，但过量可能导致肾脏负担。例如，运动员常采用高蛋白饮食	通过多角度分析和举例，确保信息的全面性和实用性
历史知识	请告诉我关于第二次世界大战的背景	分步提问和引用来源	第二次世界大战是1939年至1945年间的一场全球性冲突。追问：主要参战国有哪些？	通过分步提问和引用来源，确保信息的准确性和连贯性
科技趋势	未来十年内，AI会取代人类的工作吗？	明确不确定性和多角度分析	这个问题存在不确定性，因为AI的发展速度和影响范围受多种因素影响，如技术进步、政策等	通过明确不确定性和多角度分析，避免被不合理的预测误导
育儿建议	如何帮助孩子养成良好的学习习惯？	要求详细说明并有实际案例	建议制定固定的学习时间表，并通过奖励机制激励孩子。例如，每天完成作业后可以玩30分钟	通过详细说明和实际案例，确保建议的可操作性和实用性
家居维修	如何修复墙面的裂缝？	分步提问和明确不确定性	首先清理裂缝，然后使用填缝剂修补。如果不确定，建议咨询专业维修人员	通过分步提问和明确不确定性，避免错误操作

（续表）

场景	问题	操作技巧	DeepSeek 回答示例	避免幻觉的关键点
金融投资	请分析当前股市的投资风险	要求多角度分析和引用来源	当前股市受全球经济不确定性影响，风险较高。数据来源：华尔街日报 2023 年分析	通过多角度分析和引用来源，确保信息的权威性和全面性

在使用DeepSeek时，理解如何避免AI幻觉产生至关重要。通过分步提问、明确不确定性和多轮追问，我们可以确保获取的信息准确且可靠。

高频问题指南

? 问题一：如何确保DeepSeek生成的内容准确无误？

设计具体提示语，即在提问时，尽量明确和具体。例如，不要问"气候变化的影响是什么？"而是要问"请列举说明2023年气候变化对农业的影响，并提供数据支持"。

DeepSeek对话框输入：请告诉我关于全球气候变暖的最新数据。

> DeepSeek输出：
> 根据IPCC 2023年报告，全球气温在过去十年上升了1.2摄氏度。
> DeepSeek对话框输入：这个数据的来源是哪里？是否有其他研究支持这一结论？请提供相关链接。
> DeepSeek输出：
> 数据来源于联合国政府间气候变化专门委员会（IPCC）2023年报告，同时NASA的研究也支持这一结论。

？问题二：DeepSeek生成的内容有时看似合理，实际上却有错误，该如何识别？

明确要求AI提供信息来源，便于进一步验证。例如，"请提供相关研究的链接或参考文献"，或者进行多轮分步提问，将复杂问题拆解成多个小问题，逐步深入。例如，先问背景，再问具体细节。

> DeepSeek对话框输入：请说一下工业革命的影响。
> DeepSeek输出：
> 工业革命推动了机械化生产，促进了城市化进程。
> DeepSeek对话框输入：你刚才提到的城市化进程，具体是从哪一年开始的？
> DeepSeek输出：
> 城市化进程在18世纪末至19世纪初逐渐加速，尤其是在英国。

? 问题三：如何避免DeepSeek生成的内容带有偏见？

要求多角度分析，让DeepSeek提供不同的观点或论据。例如，"请从支持和反对两个角度分析某政策的影响"。

第四章

人机对话

在人工智能时代，DeepSeek的人机对话功能不仅是一种技术工具，更是一种全新的交互方式。掌握DeepSeek的人机对话技巧，不仅能提高生活质量，还能在情感支持、专业咨询和能力拓展等方面获得全方位的帮助。

一 日常闲聊模式

> 无论是需要缓解压力，还是想了解一些有趣的历史冷知识，DeepSeek都能提供贴心的帮助。DeepSeek的日常闲聊模式不仅能为用户提供情感支持，还能给用户带来认知启发，为用户创造双重价值。

从工具到伙伴的跨越

在快节奏的现代生活中，DeepSeek不仅是你的智能工具，更是值得信赖的伙伴。它能在你焦虑时倾听你的心声，为你提供情感支持，甚至在你面对育儿难题时，能给出科学的建议。从压力疏导到情感陪伴，DeepSeek始终与你并肩前行，让生活多一份温暖与智慧。

1. 情绪疏导

现代人生活节奏快，压力无处不在。DeepSeek可以成为你的情绪树洞，帮助你缓解焦虑，甚至提供具体的解决方案。

DeepSeek的日常闲聊模式突破了传统问答的局限，实现了情感陪伴和认知拓展的双重核心价值。

1）情感陪伴

24小时在线，为用户提供心理健康支持（如缓解焦虑、育儿困惑），降低社会孤独感（能显著改善用户情绪）。

2）认知拓展

通过趣味问答形式（如"明朝皇帝为什么爱吃冰淇淋？"），激发用户的学习兴趣。

> 在与DeepSeek对话前，先明确问题的"5W（分析问题或描述事件的基本要素）"，使回答更有针对性。

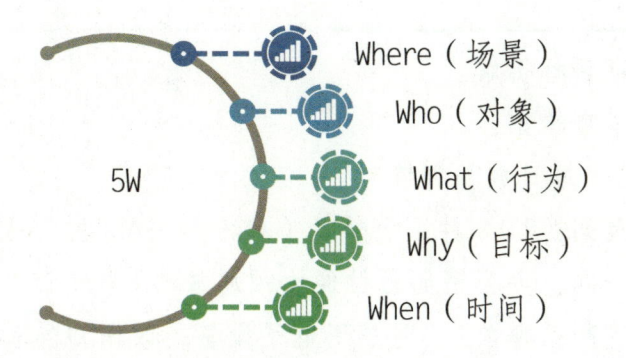

第四章 人机对话

```
5W ─ Where（场景）
   ─ Who（对象）
   ─ What（行为）
   ─ Why（目标）
   ─ When（时间）
```

> **模糊提问**
>
> DeepSeek对话框输入：
> 最近压力好大，怎么办？
> 模型输出：
> （1）压力源分析（工作量/人际关系/自我要求）。
> （2）即时缓解方案（478呼吸法演示动画）。
> （3）长期改善计划（附"正念练习30天打卡表"）。

这种提问方式可能会得到一些泛泛的建议，比如"多休息、调整心态"，缺乏针对性。

> **精准提问**
>
> DeepSeek对话框输入：
> 我是一名互联网从业者，最近连续加班导致失眠，每天只能睡4个小时，情绪低落。请根据认知行为疗法设计一份3日减压计划，包含每日放松训练、饮食建议和短

期目标拆解。

模型输出：

1）每日放松训练

晨间：10分钟正念呼吸（参考相关App引导音频）。

午间：办公室简易拉伸（颈肩放松+眼球转动）。

晚间：睡前1小时禁用电子设备，改用白噪音助眠。

2）饮食建议

增加镁的摄入（如南瓜子、菠菜），减少咖啡因摄入量。

晚餐推荐：三文鱼沙拉 + 热牛奶。

3）目标拆解

今日：完成核心任务后准时下班，拒绝额外加班任务。

明日：与上级沟通工作量，设定优先级。

技巧	明确身份和痛点，即告诉DeepSeek你的职业背景和具体症状，比如互联网从业者、连续加班导致失眠等。 指定方法论：要求DeepSeek使用特定的心理学方法（如认知行为疗法）来设计解决方案。 结构化输出：让DeepSeek列出行动项，便于你执行。

2. 育儿咨询

育儿过程中，家长们常常会遇到各种棘手的问题。DeepSeek可以为你提供科学的育儿建议，帮助你更好地

第四章 人机对话

> 应对孩子的情绪问题和行为问题。

DeepSeek对话框输入：
3岁孩子总在公共场合哭闹，如何温和引导？
模型输出：
科学应对策略：
（1）即时回应：蹲下平视孩子，轻声问："你是因为想要玩具而不开心吗？"（共情确认情绪来源）
（2）转移注意力："看！那边有会唱歌的机器人，一起去看看？"（避免陷入对抗）
（3）事后复盘：回家后通过绘本讲解"公共场所规则"。
（4）积极强化：当孩子在公共场合表现良好时，及时给予其表扬或小奖励。
（5）寻求专业帮助：如果哭闹行为频繁且难以控制，建议咨询儿科医生或儿童心理专家。

技巧	具体化场景：告诉DeepSeek孩子的年龄和具体行为场景，比如"3岁孩子在公共场合哭闹"。 要求资源推荐：让DeepSeek推荐相关的绘本、博客等资源，帮你有效地实施育儿策略，提升家庭教育效果。

解锁冷知识与科学奥秘

在DeepSeek的陪伴下，日常闲聊也能变成一场知识的探险。无论是历史中的趣味冷知识，还是科学背后的奇妙原理，它都能以生动有趣的形式为你揭开谜底。

1. 历史冷知识：从趣味问答到深度解析

历史不仅仅是枯燥的年份和事件，DeepSeek不仅可以回答你所提出的问题，还能帮你挖掘那些鲜为人知的趣味历史故事。

DeepSeek对话框输入：
唐朝人怎么过中秋节？不要常见答案，要有依据。
模型输出：
（1）燃灯祈福：唐朝民间有在中秋夜燃灯的习俗，用以祈福或驱邪。一些唐代墓葬中出土的灯具和壁画，反映了当时燃灯祈福的风俗。
（2）祭祀月神：唐朝人会在中秋夜祭祀月神，祈求丰收和家庭平安。《唐会要》中有关于中秋祭祀月神的记载。

| 技巧 | 拒绝泛泛而谈：添加不要常见答案、要有依据等约束条件，确保回答的独特性和准确性。
追问细节：如果对某个历史细节感兴趣，可以进一步追问："能否提供相关古籍原文？" |

2. 科学百科：从现象解释到原理拆解

> DeepSeek对话框输入：
>
> 从"猫咪视角"解释量子纠缠，要求比喻生动，500字以内。
>
> 模型输出：
>
> 量子纠缠版"猫爪理论"。
>
> 想象两只共享"灵魂"的猫咪A和B。
>
> （1）神秘感应：无论相隔多远，A伸爪时，B会同步缩爪（状态即时关联）。
>
> （2）观测效应：当你看向A，它瞬间"选定"伸爪状态，B则被迫"锁定"缩爪（波函数坍缩）。
>
> （3）现实应用：就像用猫咪A和B传递加密信息，量子通信利用此原理实现绝对保密。

技巧	设定角色：以猫咪视角、小学生能懂等指令降低读者理解门槛，让DeepSeek用更通俗的语言解释复杂的概念。 限制篇幅：明确字数或呈现形式（如对话体、图表），确保回答简洁明了。

通过身份设定、场景细化与输出约束，DeepSeek能为你提供兼具温度与深度的回答。此外，DeepSeek的深度思考模式可激活更复杂的逻辑推演。DeepSeek的日常闲聊模式不仅是愉悦身心的消遣，更是激发灵感的源泉。

高频问题指南

? 问题一：如何让DeepSeek的安慰更贴心？

公式：痛点描述+情感需求+解决框架

示例：刚失恋，每晚失眠，请以朋友的口吻写一封安慰信，包含3个走出低谷的建议。

❓ 问题二：DeepSeek关于育儿的回答理论性太强，如何获取具体可行的操作步骤？

追加指令：请分年龄（0~3岁/3~6岁）给出具体游戏示例，并附上所需材料清单。

❓ 问题三：DeepSeek关于历史知识的回答不权威怎么办？

增加约束条件：需引用正史原文或核心期刊论文，标注出处。

❓ 问题四：DeepSeek关于科学知识的解释复杂难懂，如何简化？

角色设定：假设你是幼儿园老师，用"积木拼搭"解释核聚变原理。

? 问题五：DeepSeek的回答过于冗长，如何快速提取重要信息？

在提问时设定具体方向，引导DeepSeek提供更简洁的回答，还可以在DeepSeek回答后追问核心要点，获取更精准的信息。

二 虚拟面试官

在求职过程中，面试是关键的一环。无论是初入职场的应届毕业生，还是希望跳槽的职场老手，在面试中的表现往往决定了他们能否获得心仪的工作。然而，面试不仅考验专业能力，还考验应变能力、沟通技巧和心理素质。DeepSeek的"虚拟面试官"功能，能够模拟真实的面试场景，帮助求职者进行求职模拟训练，以更好地应对面试。

DeepSeek如何扮演虚拟面试官的角色

DeepSeek的虚拟面试官功能基于先进的自然语言处理技术和大数据分析，能够模拟不同行业、不同职位的面试场景。它不仅可以提问常见的面试问题，还能根据用户的回答进行深度互动，提供实时反馈和建议。以下是DeepSeek作为虚拟面试官的几大核心功能。

1. 多行业、多职位适配

DeepSeek支持多行业和职位的面试模拟，包括IT、金融、教育、市场营销、人力资源等行业。求职者可以根据自己的求职需求告诉DeepSeek相应的职位类型，DeepSeek会自动生成与该职位相关的面试问题。

2. 智能提问与追问

虚拟面试官不仅会提问常见的面试问题（如请做一个自我介绍），还会根据求职者的回答进行追问，模拟真实面试中的互动场景。例如，当求职者提到自己曾参与某个项目时，DeepSeek可能会追问："你在项目中遇到了哪些挑战？你是如何解决的？"

3. 实时反馈与评分

在模拟面试过程中，DeepSeek会对求职者的回答实时进行分析，从语言表达、逻辑结构、内容深度等多个方面给出评分。同时，它还会提供改进建议，帮助求职者优化回答。

4. 模拟压力面试

为了帮助求职者适应高压面试环境，DeepSeek还提供了"压力面试"模式。在该模式下，虚拟面试官会加快提问速度，提出更具挑战性的问题，甚至模拟面试官的质疑和反驳，帮助求职者提升应变能力。

5. 多语言支持

对于需要应聘外企或跨国公司的求职者，DeepSeek会给予英语、日语等多种语言的面试模拟，帮助求职者提升外语面试能力。

虚拟面试官的核心功能

功能模块	具体作用	适用场景
多行业适配	覆盖IT、金融、教育等20多个行业，提供职位专属问题库	跨行业求职者
智能追问	根据回答细节自动追问，例如："你提到的项目成果，具体如何量化？"	提升逻辑表达能力
压力面试模拟	加快提问节奏，穿插挑战性问题（如"你的经历不如其他候选人，为什么录用你？"）	抗压能力训练
多语言面试	支持英语、日语等多语种提问，提供语法修正等建议	外企或海外求职者
实时反馈报告	从内容、表达、逻辑三个维度进行评分	复盘优化回答策略

如何使用DeepSeek进行求职模拟训练

使用DeepSeek的虚拟面试官功能非常简单，可以根据以下步骤进行操作。

1. 选择面试类型

> 告诉DeepSeek，你要模拟面试，并告诉它你希望模拟的行业和职位。

选择面试类型：行业/职位（如图书出版编辑）

虚拟面试官准备模拟面试

模拟面试

太好了！我们现在开始模拟面试。我会扮演出版社的面试官，向你提出一些常见的问题。你可以尝试回答，之后我会根据你的回答提供反馈和改进建议。

模拟面试开始

面试官：你好，欢迎来到我们的面试。首先，请简单介绍一下自己，以及你为什么对图书编辑这个职位感兴趣。

（请开始你的回答，我会根据你的回答继续提问。）

2. 设置面试难度

根据你的需求，也可以设置面试难度。DeepSeek提供了初级、中级和高级三种难度模式。初级模式适合没有经验的求职者，问题较为基础；高级模式则适合有经验的求职者，问题更具挑战性。

> 设置面试难度：难度级别（初级／中级／高级）

3. 开始模拟面试

虚拟面试官会向你逐一提出问题，你可以通过输入回答所提问题。DeepSeek会实时分析你的回答，并在屏幕上显示反馈信息。

> 输入回答：分析、反馈

4. 查看反馈与改进建议

模拟面试结束后，DeepSeek会生成一份详细的面试报告，包括你的得分、回答中的亮点和不足，以及改进建议。你可以根据这些建议调整自己的回答策略。

获取实时反馈：内容建议（如"缺少数据支撑"）
表达建议（如"避免口头禅'然后'"）

5. 反复练习

面试是一项需要反复练习的技能，只有通过不断的模拟和实践，才能提升自己应对各种问题的能力。你可以多次使用DeepSeek进行模拟面试，直到对自己的表现感到满意为止。

生成训练计划：弱项专项练习（如"提升STAR法则运用"）
高频错题本（自动记录常犯错误）

使用DeepSeek虚拟面试官功能的技巧

为了帮助用户更好地使用DeepSeek的虚拟面试官功能，我们总结了以下实用技巧。

1. 提前准备常见问题

虽然DeepSeek会模拟真实面试中的互动，但许多面试问题（如自我介绍、职业规划等）是常见的。你可以提前准备好这些问题的答案，并在模拟面试时不断优化。

2. 注重语言表达与逻辑结构

在回答问题时，尽量做到语言简洁、逻辑清晰。DeepSeek会对你的语言表达和逻辑结构进行评分，因此你可以通过反复练习提升这方面的能力。

3. 利用追问功能提升应变能力

DeepSeek的追问功能是提升应变能力的绝佳工具。在模拟面试中，不要害怕被追问，而要将其视为提升自己的机会。通过反复练习,你将会熟练地应对突发问题。

4. 模拟压力面试,提升心理素质

如果你对高压环境感到紧张,可以尝试使用DeepSeek的压力面试功能。通过反复练习,你会逐渐适应高压环境,提升心理素质。

应对压力面试的3F原则

Facts（事实）：先陈述客观数据（"上季度我完成了120%的KPI"）。

Feelings（感受）：适度表达反思（"当时的压力让我更注重时间管理"）。

Future（未来）：转向积极方向（"未来我会提前建立风险预案"）。

5. 多语言练习,提升外语面试能力

如果你需要参加外语面试,可以利用DeepSeek的多语言支持功能进行练习。通过模拟外语面试,你可以提升语言表达能力,熟悉外语面试的常见问题。

如何利用DeepSeek成功通过面试

下面的案例生动展示了如何通过DeepSeek的虚拟面试官功能，成功突破面试难关。

> 用户背景：小李，应届毕业生，应聘市场营销岗位。
> 使用DeepSeek的过程：
> 小李选择"市场营销"职位，并设置面试难度为中级。在模拟面试中，DeepSeek提出了"请分析一款你熟悉的产品市场策略"这一问题。小李的回答较为笼统，DeepSeek给出了"内容深度不足"的反馈。
> 小李根据反馈重新组织语言，增加了具体案例和数据支持。经过多次练习，小李在求职面试中表现出色，成功获得了工作机会。

通过这个案例可以看出，DeepSeek的虚拟面试官功能不仅帮助小李熟悉了面试流程，还通过实时反馈帮助他优化了回答问题的策略，最终取得了成功。

DeepSeek的虚拟面试官功能是求职者的得力助手。它通过智能提问、实时反馈和多语言支持，帮助求职者提升表达能力、应变能力和心理素质，可以显著提高求职者的面试通过率。

> DeepSeek的虚拟面试官功能可以帮助求职者实现：
> 精准准备：行业定制化问题+最新题库。
> 降低试错成本：无限次模拟避免实战失误。
> 数据化成长：可视化报告描绘进步轨迹。

高频问题指南

在使用DeepSeek的"虚拟面试官"功能时，用户可能会遇到一些问题。以下是对常见问题的解答，可以帮助用户更好地使用该功能。

问题一：如何选择适合自己的面试难度等级？

初级：适合零经验或转行者，侧重基础问题（如自我介绍、离职原因）。

中级：针对1~3年经验者，增加场景题（如"如何处理客户投诉？"）。

高级：面向管理者或专家岗，包含战略类问题（如"如何制订年度增长计划？"）。

第四章 人机对话

? 问题二：回答总是超时怎么办？

让DeepSeek开启限时回答功能（比如设定每题为2分钟），锻炼你的快速思考和精准表达能力，从而在实战中更加从容不迫。

? 问题三：虚拟面试官功能会更新最新的面试题型吗？

DeepSeek的虚拟面试官功能会持续更新题库，紧跟行业趋势，不断融入新颖题型，确保求职者能够全面准备，应对各种面试挑战。

? 问题四：如何深入了解职位要求？

在DeepSeek中输入具体的职位名称，如"软件开发工程师"，获取该职位的通用职责、所需技能和行业标准。结合目标公司的职位描述，利用DeepSeek的对比功能，分析该职位在特定公司的要求和注意事项。

问题五：如何在面试中有效展示自己的软技能？

解答：利用DeepSeek记录并整理你过去在领导力、沟通能力、时间管理等方面的成功案例。

根据DeepSeek的提示，为每个案例准备一个STAR（情境、任务、行动、结果）框架的故事，以便在面试中清晰、有力地表达。

三 语言陪练

> 在信息全球化时代，掌握一门外语已经成为许多人提升个人竞争力、拓展视野的重要途径。然而，学习外语并非易事，尤其是对于没有语言环境的学习者来说，进行高效练习口语、提升听力、扩充词汇量，常常成为学习的瓶颈。DeepSeek能够为外语学习者提供多方位的支持，帮助他们提升整体语言能力。

DeepSeek助力多语言学习

DeepSeek的核心优势在于其强大的自然语言处理能力和丰富的知识库。它不仅可以模拟真实的对话场景，还能根据你的需求提供个性化的学习建议。

DeepSeek语言陪练的核心功能

功能	传统学习模式	DeepSeek 模式
场景覆盖	有限课本场景	上百个细分场景（医疗、商务、旅行）
反馈维度	反馈维度较为单一	语法修正 + 用词优化 + 文化替代方案建议
学习记录	手动整理	自动生成错题库 + 高频词

DeepSeek的语言陪练功能支持英语、日语等多种语言的学习。其核心功能包括情景模拟、语法纠错、文化背景提示和词汇拓展等。

> **DeepSeek的优势**
> 7×24小时情景模拟
> 语法/用词修正
> 文化注释自动插入
> 个性化难度调节

1. 模拟对话场景

DeepSeek 提供了丰富的预设对话场景，涵盖日常生活、职场沟通和考试备考等多个方面。例如，英语学习者可以选择"机场值机"场景，模拟从办理登机手续到托运行李的完整对话；日语学习者可以选择"居酒屋点餐"场景，学习如何用日语点菜和询问推荐菜品。这些场景化的对话练习帮助学习者将书本知识转化为实际应用能力，解决"学用脱节"的问题。

2. 语法和词汇纠正

在对话过程中，DeepSeek 会自动标记语法错误并提供修正建议。例如，当英语学习者说"I have went to the store"时，系统会提示"went"应改为"gone"，并解释现在完成时的正确用法。通过即时反馈，学习者可以避免错误固化，运用正确的语言进行表达。

3. 文化背景提示

学习语言不仅要掌握词汇和语法，还需要了解目标语言的文化背景。DeepSeek 在对话中穿插文化注释，帮助学习者避免文化误解。例如，在英语对话中，系统会提示"小费礼仪"：在美国餐厅用餐后，通常需要支付账单总额15%~20%的小费。

4. 个性化学习建议

根据学习进度和需求，DeepSeek可以推荐适合的学习资源，比如词汇表、语法练习、听力材料等，帮助学习者制订高效的学习计划。

如何利用DeepSeek学习外语

想要利用DeepSeek学习外语，可以从以下方面着手。

1. 明确学习目标

在开始学习之前，你需要明确自己的学习目标。例如，你是想提升日常口语能力，还是为了应对考试？你目前的外语水平如何？

2. 设定学习目标

根据自身外语水平确定对话难度和反馈重点。例如，初学者可以选择"初级"难度，重点关注发音和基础语法；进阶用户可以选择"高级"难度，强化复杂句型和专业词汇的使用。

示例指令：我现在需要练习日语商务道歉场景，当前水平N3，请模拟供应商延迟交货时向客户打电话解释的情景，对话中穿插敬语使用提示。

以下是为您设计的商务道歉电话对话练习（N3水平，附敬语使用解析）：

场景： 由于供应商延迟交货，需致电客户「山田商社」说明情况

会話：

（電話がつながる）
您：
「お世話になっております。○○株式会社の李と申します。
いつも大変お世話になっております。

3. 开始对话训练

打开DeepSeek的对话界面，输入学习需求，例如，"我想练习在餐厅点餐的英语日常对话"，DeepSeek会根据你的需求生成对话场景。

4. 获取即时反馈

在对话过程中，DeepSeek会实时检测你的语法错误和不当用词，并提供正确的表达方式，帮助你提高语言能力。

用户："I go to the park yesterday."
DeepSeek："It should be 'I went to the park yesterday'. Remember to use the past tense for actions in the past."

用户：为什么英语中要说"I would appreciate it"而不是"Please"？
DeepSeek：在英美文化中，"would"虚拟语气比直接祈使句更显尊重效果。

5. 复习和巩固

每次对话结束后，让DeepSeek生成一份学习报告，总结你在外语学习对话中的表现，包括使用的词汇和短语、出现的语法错误、需要改进的地方等。你可以根据这份报告进行复习和巩固。

利用DeepSeek学习外语的实用技巧

DeepSeek的一些学习外语的实用技巧，能帮助用户提升语言能力。

1. 设定每日学习目标

每天设定一个小目标，比如学习10个新单词或完成一次5分钟的对话练习。通过不断积累，你的语言能力会逐步提升。

2. 多场景练习

利用DeepSeek模拟不同的对话场景，比如旅行、工作、社交等。这样可以帮助你熟悉各种情境下的语言表达方法和技巧。

3. 巧用DeepSeek生成学习素材

通过输入指令生成个性化学习素材，例如，"生成一段酒店投诉英语对话"或"列出与机场安检相关的10个日语词汇+例句"，这些素材可以帮助你快速掌握特定场景的语言表达。

生成情景对话：输入"生成一段酒店投诉英语对话，包含6轮问答"。

制作单词卡：输入"列出与机场安检相关的10个日语词汇+例句"。

模拟考试：输入"扮演雅思考官，提问5个Part 2话题"。

4. 跨领域协作

将不同领域的知识和资源结合起来，解决复杂的问题。

5. 文化沉浸式学习

在对话中融入文化背景学习，通过文化沉浸，提升跨文化沟通能力。

用户：The steak is too hard! Change it!
DeepSeek优化方案："I'm afraid this steak is rather tough. Would it be possible to have it cooked a bit longer?"
文化提示：
英美服务行业重视"compliment sandwich"（表扬—问题—感谢），可先称赞餐厅环境再提出请求。

高频问题指南

问题一：记不住复杂语法规则怎么办？

在对话中指定练习某语法点，DeepSeek将密集生成相关句型。

? 问题二：DeepSeek目前主要支持文本交互，如何通过它练习英语口语？

虽然DeepSeek目前主要支持文本交互，但你可以通过以下方式实现语音对话，进一步提升外语学习效果。

1）语音输入转文本

打开微信等App（需确保设备支持语音输入功能），使用其语音输入功能，将口语转换为文本，再输入DeepSeek进行对话。

2）结合语音助手

将DeepSeek的文本回复通过语音助手（如Siri）朗读出来，模拟真实对话。

3）朗读DeepSeek的回复

大声朗读DeepSeek生成的对话内容，练习发音和语调。

? 问题三：DeepSeek能否提供关于英语国家的文化背景知识？

当然可以！DeepSeek可以为你提供丰富的文化背景知识。

例如：

用户："Tell me about Thanksgiving in the US."

DeepSeek："Thanksgiving is a holiday celebrated in the US on the fourth Thursday of November. It's a time for family gatherings and feasting."

四 健康顾问

在人工智能技术飞速发展的今天，DeepSeek不仅是一个工具，更是一个能与用户对话的智能健康顾问。它通过自然语言交互、数据分析和个性化反馈，帮助用户实现从健身塑形到养生调理的全方位健康管理。本节将围绕人机交互的核心逻辑，结合健身、养生、健康数据管理三大场景，详细讲解如何通过对话与DeepSeek进行协作，打造科学高效的健身计划。

DeepSeek如何扮演健康顾问的角色

DeepSeek的健康顾问功能操作便捷，用户只需要向DeepSeek输入自己的需求，就能快速获取个性化的健康建议和管理方案，轻松实现健康目标。

DeepSeek的健康顾问功能

交互阶段	用户行为	DeepSeek 响应	核心价值
需求输入	描述健康目标（如减脂、增肌）	提问补充信息（年龄、体重、运动习惯）	精准定位用户需求
方案生成	提供身体数据（如体脂率、腰围等）	输出个性化计划（训练+饮食）	科学性与灵活性相结合
执行反馈	每日记录（运动量、饮食情况）	动态调整方案并推送提醒	实时追踪与正向激励

用户在对话框输入：

我想在3个月内减脂5千克，应该如何开始？

DeepSeek 输出：

请告诉我以下信息：

（1）当前体重和身高？

（2）每周可分配的运动时间？

（3）是否有饮食禁忌（如素食、乳糖不耐受）？

（用户输入数据后）

DeepSeek 输出：

（1）每周4次运动：高强度间歇训练20分钟+力量训练30分钟。

（2）每日饮食：1500~1700大卡，蛋白质占比30%。

（3）关键提醒：每周测量体脂率，及时反馈调整。

智能指导：从"对话"到"动作"

DeepSeek可以帮助用户明确并细化健身目标，确保计划具有针对性和执行性。下表所示为常见的健身目标和训练方式。

常见健身目标和训练方式

健身目标	训练方式
减脂	有氧运动（如跑步、游泳、骑自行车）、高强度间歇训练（HIIT）、核心训练
增肌	力量训练（如哑铃、杠铃、器械训练）、复合动作训练（如深蹲、硬拉）
塑形	综合训练（有氧+力量+柔韧性训练）、局部塑形训练（如臀部训练、腹部训练）
增强体能	有氧运动（如跑步、游泳）、力量训练（如举重、器械训练）
康复训练	低强度有氧运动（如步行、游泳）、柔韧性训练（如瑜伽、普拉提）

DeepSeek健康顾问功能操作流程

1. 用户输入基本信息

用户需要输入身高、体重、体脂率、年龄、性别等基本信息。

2. 选择健身目标

用户可以从预设的健身目标中选择，或自定义目标（如"在3个月内减脂5千克"）。

3. 设定时间框架

用户可以选择短期（1~3个月）、中期（3~6个月）或长期（6个月以上）的目标时间框架。

4. 生成初步计划

DeepSeek根据用户输入的信息，生成初步的健身计划，包含训练频率、训练内容和饮食建议等。

示例输入：

我的身高170厘米，体重65千克，体脂率18%，目标是增肌，请为我生成一份3个月的健身计划。

我想在6个月内减脂10千克，请为我生成一份详细的健身和饮食计划。

根据用户的健身目标，DeepSeek会推荐不同类型的训练内容，确保训练计划的全面性和有效性。

常见训练类型、训练方式及主要效果

训练类型	训练方式	主要效果
有氧运动	跑步、游泳、骑自行车、跳绳、有氧操	减脂、提升心肺功能、改善心血管健康
力量训练	哑铃训练、杠铃训练、器械训练、自重训练（如俯卧撑、深蹲）	增肌、增强肌肉力量、提高基础代谢率
柔韧性训练	瑜伽、普拉提、拉伸训练、太极	提高身体柔韧性、增强平衡性、缓解肌肉紧张
高强度间歇训练（HIIT）	结合有氧和力量训练、短时间高强度运动＋短暂休息（如波比跳、冲刺跑）	高效燃脂、提升心肺功能、增强肌肉耐力

> 示例输入：
> 我想在家中进行减脂训练，只有哑铃和瑜伽垫，请为我生成一份每周4次的训练计划。
> 我每周只能去健身房3次，请为我生成一份增肌训练计划，包含器械使用指导。

我最近身体疲惫，一周可以健身一次，想要增强体质，请为我生成健身计划。

◈ 一周一次健身计划：增强体质

根据你目前的身体状况（疲惫感较强）和每周只能健身一次的时间安排，以下是一个适合你的健身计划。该计划旨在通过低强度、全身性的训练，帮助你逐步增强体质，同时避免过度疲劳。

健身目标：
- 增强体质：通过全身性训练，提升心肺功能、肌肉耐力和身体灵活性。
- 缓解疲劳：通过适度的运动，促进血液循环，缓解身体疲惫感。
- 逐步恢复活力：通过低强度训练，帮助身体逐步恢复活力，避免过度劳累。

训练安排
- 训练频率：每周1次，每次60分钟。
- 训练内容：全身性训练，包含有氧运动、力量训练和柔韧性训练。
- 训练强度：低至中等强度，避免过度疲劳。

具体训练计划

1. 热身（10分钟）
- 目的：激活全身肌肉，提升心率，预防运动损伤。
- 内容：
  1. 慢跑或快走（5分钟）：在跑步机或户外进行慢跑或快走，逐步提升心率。
  2. 动态拉伸（5分钟）：包括高抬腿、侧弓步、手臂绕圈等，帮助全身肌肉和关节活动开。

训练频率与强度的动态调整

　　训练频率和强度是影响健身效果的关键因素。DeepSeek会根据用户的身体状况和进展，动态调整训练频率和强度，确保训练计划既具有挑战性，又不会过度疲劳或导致受伤。

> 示例指令：
> 我已经完成了两周的减脂计划，体重下降了1千克，请根据我的进展调整接下来的训练强度。
> 我感觉最近的训练强度过大，有些疲劳，请为我调整训练计划。

初始训练频率

根据用户的健身进展（如体重、体脂率变化）和反馈（如训练后的疲劳感），调整训练强度。

DeepSeek会根据用户的目标和时间安排，建议每周的训练次数。

训练强度调整

如果用户在某段时间内进展缓慢或遇到瓶颈，DeepSeek会建议增加训练强度或调整训练内容。

动态调整计划

进展跟踪与反馈

DeepSeek可以连接智能设备（如智能手环、体重秤），自动记录用户的体重、体脂率、训练时长等数据，帮助用户实时跟踪进展，了解健身效果。

示例指令：
请根据我过去一个月的体重和体脂率变化，生成一份进展报告，并调整接下来的训练计划。
我已经完成了三个月的增肌计划，请评估我的进展并给出下一步建议。

> 经过六个月的增肌计划，我的体重增加了5千克，请生成一份评估报告，并给出下一步锻炼建议，缓解腰疼。

增肌计划评估报告与下一步锻炼建议

评估报告

1. 增肌进展评估

- **体重变化**：经过六个月的增肌计划，你的体重增加了5千克，这表明你的肌肉质量有所提升，增肌计划取得了一定的效果。
- **体脂率变化**：如果体脂率没有显著增加，说明体重增加主要来自肌肉增长。如果体脂率有所上升，可能需要调整饮食和训练计划。
- **力量提升**：评估你在力量训练中的表现，如深蹲、卧推、硬拉等主要动作的重量是否有提升。如果有明显进步，说明肌肉力量和耐力有所增强。
- **身体围度变化**：测量关键部位的围度（如胸围、臂围、腿围），如果围度增加，说明肌肉增长明显。

2. 腰疼问题评估

- 可能原因：
  - 训练姿势不当：在力量训练中，尤其是深蹲、硬拉等动作，如果姿势不正确，可能导致腰部压力过大。
  - 核心肌群薄弱：核心肌群（如腹肌、下背部肌肉）力量不足，可能导致腰部代偿性受力。
  - 过度训练：如果训练频率过高或强度过大，可能导致腰部肌肉疲劳和疼痛。

利用DeepSeek安排饮食

健身效果的实现不仅取决于训练，还与饮食密切相关。DeepSeek可以根据用户的健身目标，生成个性化的饮食计划，并提供营养建议。

1. 个性化饮食计划

> 根据用户的身体数据和健身目标，DeepSeek可以生成每日的饮食计划，包含热量摄入、营养比例（如蛋白质、碳水化合物、脂肪）等。

2. 营养咨询

用户可以随时向DeepSeek咨询营养问题，如"如何增加蛋白质摄入"或"训练前后应该吃什么"。

> 用户在对话框输入：
> 早餐：豆浆+油条
> DeepSeek 输出：
> 热量：320大卡；蛋白质不足，油脂偏高，建议增加鸡蛋，油条改为全麦面包。
> 用户在对话框输入：
> 晚餐吃了火锅，怎么补救？
> DeepSeek 输出：
> 预估摄入：1200大卡；钠含量超标，明日减少盐分摄入，增加水分补充。

随着DeepSeek对健康知识的不断深入学习，DeepSeek未来会精准地扮演用户的营养膳食指导师角色，合理安排用户的饮食。

高频问题指南

❓ 问题一：如何应对训练中的身体不适，如肌肉酸痛或疲劳？

疲劳管理：DeepSeek会根据客户的训练强度和身体反馈，建议留出适当的休息时间，避免过度训练。

恢复建议：如果客户感到肌肉酸痛，DeepSeek会提供恢复建议，如拉伸、按摩或使用泡沫轴。

调整训练计划：如果客户持续感到不适，DeepSeek会建议调整训练计划，减少训练强度或更换训练内容。

❓ 问题二：通过DeepSeek实现健康管理需要注意什么？

（1）明确表达需求（如"我需要增肌食谱"而非"怎么吃更好"）；

（2）主动反馈数据（体重变化、训练感受）；

（3）善用追问功能（输入"详细说明"获取深层次解析）。

第五章

生活效率管家

在当今快节奏的生活中，效率已成为衡量生活质量的重要指标。通过深度学习和自然语言处理技术，DeepSeek能够精准理解用户需求，提供个性化的日程管理、智能提醒和信息整合服务。无论是工作任务的优先级排序，还是日常生活的琐事安排，DeepSeek都能帮助用户优化时间利用，减少决策成本，为用户带来前所未有的效率提升体验，重塑现代生活方式。

一 智能行程规划

> 旅游时，旅行路线的规划常常让人头疼，如交通路线复杂，住宿选择困难症发作，等等。DeepSeek可以根据用户旅行的目的地、时间安排和兴趣，智能推荐必去景点，并按照地理位置和开放时间优化游览顺序，避免用户来回奔波。此外，它还会根据用户的行程推荐交通便捷的住宿，让旅行既高效又舒适。

如何利用DeepSeek优化旅行路线

旅行路线的优化不是景点、交通和住宿的简单组合。DeepSeek能够从个性化偏好、文化体验、美食探索等多维度出发，为用户打造沉浸式的完美旅程。此外，DeepSeek还有一些隐藏功能，可以让用户的旅行更个性化、更智能。

1. 个性化主题路线

厌倦了千篇一律的旅行攻略？DeepSeek可以根据你的兴趣定制专属主题路线。比如：

美食之旅：从米其林餐厅到街头小吃，帮你规划一条"吃货专属"路线。

摄影打卡：推荐最适合拍照的景点和时间，甚至告诉你从哪个角度拍照效果最理想。

文化探索：结合历史背景和当地故事，让你的旅行更有深度。

隐藏功能：输入"小众旅行"，DeepSeek会推荐一些冷门却有趣的景点。

2. 实时天气与装备建议

旅行中，有时会因天气变化打乱旅行计划，DeepSeek可以提前帮你做好准备。它会根据目的地的实时天气，给出穿衣建议和必备物品清单。比如：

如果预报有雨，它会提醒你带伞，并推荐室内活动。

如果目的地阳光强烈，它会建议你带上防晒霜和墨镜。

隐藏功能：输入"户外活动"，DeepSeek会根据天气情况推荐适合的徒步路线或露营地。

3. 语言与文化交流支持

在旅行时遇到语言不通的情况，DeepSeek可以为你提供翻译和跨语言沟通解决方案。

提供常用短语翻译，比如"请问洗手间在哪里？"

提示当地文化习俗和禁忌，避免尴尬。

生成一份"应急对话手册"，涵盖问路、点餐、购物等场景。

隐藏功能：输入"语言学习"，DeepSeek会推荐一些简单的当地语言学习资料，让你在旅行中更有融入感。

4. 健康与安全提醒

旅行中的健康和安全同样重要，DeepSeek能够通过实时数据分析为你提供健康安全建议。

根据目的地推荐必备药品，比如防蚊液或高原反应药物。

提醒你注意当地的安全问题，比如哪些区域晚上不宜单独前往。

生成一份紧急联系人清单，包括当地医院、大使馆等信息。

隐藏功能：输入"健康旅行"，DeepSeek会推荐一些适合放松身心的活动，比如泡温泉。

5. 社交分享与记录

旅行中的美好瞬间当然要记录下来！DeepSeek可以帮你：

生成旅行日记模板，方便你记录每一天的精彩瞬间。

推荐最适合发朋友圈的拍照地点和文案。

根据你的行程自动生成旅行视频脚本，让你轻松成为旅行博主！

隐藏功能：输入"旅行回忆"，DeepSeek会帮你整理照片和笔记，生成一份精美的电子旅行纪念册。

让旅行更智能的小技巧

DeepSeek能为你生成多种旅行方案，供用户对比选择。如果旅行途中计划有变，可以让DeepSeek实时调整行程，确保一路顺畅。DeepSeek还可以带你深入当地生活圈，解锁当地人才知道的"隐秘宝藏"，让你的旅行充满独特体验！

> 实时调整：旅行途中计划有变？只需输入新的需求，DeepSeek会实时调整后续行程，确保你的旅行始终高效顺畅。

> 多行程对比：不确定哪个行程更适合你？DeepSeek可以生成多个版本的行程方案，比如经典游、深度游、美食游等，供你对比选择。

> 本地化推荐：想体验当地人的生活？输入"本地人推荐"，DeepSeek会为你挖掘小众餐厅、市集和活动，让你的旅行更有特色。

每日待办清单

DeepSeek的每日待办清单（智能优先级排序）功能不仅仅是简单记录任务，它更像是一位贴心的时间管理助手，从任务录入到执行提醒，全方位帮你提升效率。

1. 智能任务录入

只需输入任务内容,AI会自动识别关键信息并生成清晰的待办清单。

示例:输入"明天上午10点开会,下午3点去健身房,晚上7点买菜",DeepSeek会自动生成比较简洁的表单:

10:00开会

15:00去健身房

19:00买菜

2. 智能优先级排序

DeepSeek会根据任务的紧急程度、耗时和重要性,自动生成任务优先级排序。

示例:输入以下任务:

写报告(2小时)

刷手机(30分钟)

准备会议资料(1小时)

DeepSeek会自动将准备会议资料和写报告列为高优先级,将刷手机列为低优先级。

3. 合理分配时间

DeepSeek会将你的任务分配到具体的时间段，并留出合理的休息时间，避免过度疲劳。

示例：输入"写报告（2小时）""开会（1.5小时）""去健身房（1小时）"，DeepSeek会生成一张时间表。

时间	任务
9:00—11:00	写报告
11:00—11:15	休息
11:15—12:45	开会
12:45—13:45	午餐
15:00—16:00	去健身房

4. 随时调整任务

计划赶不上变化？DeepSeek支持随时调整任务。只需输入新增任务，DeepSeek会自动重新安排日程。

示例：临时需要16:00—17:00见客户，DeepSeek会将原计划的"去健身房"时间调整到晚上，并提醒你注意日程调整。

5. 持续优化时间利用

每天的任务结束后，DeepSeek会生成一份任务完成报告，帮你分析时间利用率，并提供优化建议。

示例：报告显示你在写报告上花了3小时，远超预计的2小时，DeepSeek会建议你下次分解任务或提高专注度。

高频问题指南

? 问题一：任务太多，心理压力大怎么办？

任务堆积如山却不知从何下手？DeepSeek的智能排序和提醒功能，能帮你从心理上减轻压力。

逐步完成：每完成一个任务，DeepSeek会打上"已完成"标签，让你产生成就感。

休息提醒：DeepSeek会提醒你适时休息，避免过度疲劳而导致效率下降。

趣味提示：每完成一个任务，DeepSeek会给你一句暖心鼓励，比如"继续加油！"

问题二：重复的任务无法坚持怎么办？

DeepSeek能为你生成一份21天习惯养成计划，帮你从小目标走向大成就！

重复任务设置
比如每天读书30分钟，DeepSeek每天打卡，按照建议完成，形成习惯。

→

进度追踪
记录你完成任务的频率和时长，DeepSeek帮你分析哪些习惯已经养成，哪些还需要努力。

→

奖励机制
设置小奖励，比如连续完成一周任务后，奖励自己看一部电影。

问题三：如何进行团队分工与管理？

DeepSeek能促进团队协作，提升工作效率。

任务分配	进度同步	沟通记录
DeepSeek会拆解任务目标，你将任务分配给团队成员。	会建议你实时更新任务进度，确保所有人都知道项目的整体进展。	根据你记录的笔记，帮你整理团队讨论的内容和决策，复盘重要信息。

❓ 问题四：任务完成后如何快速复盘？

　　DeepSeek不仅能助你完成任务，还能通过数据分析帮你优化时间管理策略。DeepSeek能够生成效率报告，追踪你一段时间内完成任务的情况，帮你找到提升空间。

❓ 问题五：住宿选择困难，怎么办？

　　DeepSeek的智能住宿推荐系统能够解决你的选择难题。输入你的预算和偏好（如靠近地铁、带早餐），DeepSeek会筛选出符合条件的住宿选项，还能附上用户评分和价格对比，帮你轻松做出决定。

二 家庭事务管理

> 你是不是每天纠结"吃什么"？冰箱里食材一堆，却不知道怎么搭配？DeepSeek的营养菜谱生成功能，就是你的"厨房小助手"，帮你轻松解决一日三餐，还能兼顾营养均衡！只需输入冰箱里的食材，DeepSeek就能为你推荐多样化的菜谱，从家常小炒到创意料理，样样俱全。更贴心的是，它还会根据你的健康需求定制菜谱，让你吃得美味又健康！

如何利用DeepSeek生成营养菜谱

DeepSeek的营养菜谱生成功能会根据口味偏好、饮食需求和冰箱库存，为你量身定制美味又健康的菜谱，让你轻松告别选择难题，享受烹饪乐趣！

1. 冰箱食材扫描

打开DeepSeek，输入冰箱里的食材，比如五花肉、茄子、土豆、青椒等，DeepSeek会自动生成适合的菜谱。

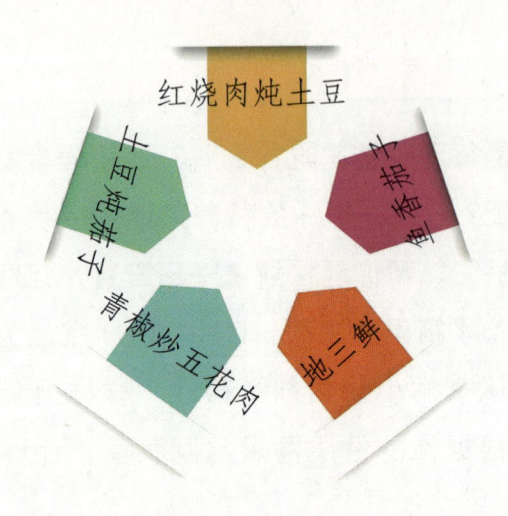

- 红烧肉炖土豆
- 鱼香茄子
- 地三鲜
- 青椒炒五花肉
- 干煸海带丝

小贴士：只需拍一张冰箱内部照片，DeepSeek就能识别食材并推荐菜谱！

2. 营养均衡搭配

DeepSeek不仅考虑食材，还会根据你的营养需求推荐菜谱，做到均衡搭配。

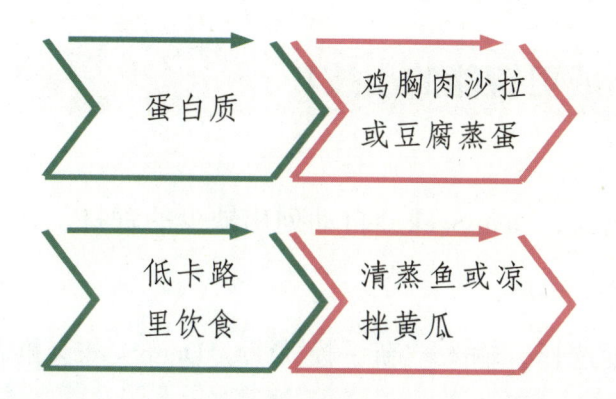

```
蛋白质  →  鸡胸肉沙拉或豆腐蒸蛋
低卡路里饮食  →  清蒸鱼或凉拌黄瓜
```

> **小贴士**：输入减肥模式或增肌模式，DeepSeek会生成专属菜谱，帮你实现健康目标！

3. 满足全家饮食要求

> 家里有人不吃辣？孩子挑食？DeepSeek支持个性化定制，满足全家饮食要求。
>
> 不吃辣 → 自动过滤辣味菜谱。
>
> 孩子爱吃 → 推荐芝士焗饭或番茄意面等儿童爱吃菜品。

> **小贴士**：支持设置家庭成员偏好，比如爸爸爱吃肉、妈妈爱吃素，这样DeepSeek会为每个人推荐菜谱。

让菜谱生成更智能的小技巧

生成菜谱后，DeepSeek会自动列出缺少的食材，并生成购物清单，帮你一键下单。

菜谱难度选择，输入"新手模式"，DeepSeek会推荐简单易做的菜谱，比如番茄炒蛋；输入"大厨模式"，它会推荐红烧狮子头等复杂菜品。

DeepSeek还能根据时令食材推荐菜谱，比如夏天推荐凉拌黄瓜，冬天推荐羊肉萝卜汤。

家电选购指南

你还在为买家电而头疼吗？面对琳琅满目的家用电器，对比品牌、型号、参数，到底哪款才最适合自己？别担心，DeepSeek会做你的家电选购小助手，帮你轻松做出选择！

DeepSeek能分析用户的需求和家电功能，对比不同产品的特性、质量和价格，帮助用户挑出最具性价比的产品。

家电选购要点及指南

选购要点	选购指南
确定需求	首先要明确家里的需求,比如人口数量决定冰箱容量大小,如果是三口之家,300~400升的冰箱就足够了
功能需求	考虑家电的功能是否满足生活习惯,例如洗衣机是否需要烘干功能,如果空间有限且经常需要快速洗衣干衣,洗烘一体机会更合适
品牌选择	优先选择知名品牌,这些品牌在质量上更有保障,售后服务也比较完善
产品质量	了解家电的核心部件,例如空调的压缩机质量直接影响制冷效果和使用寿命
能效等级	尽量选择高能效等级的家电,例如冰箱的能效等级越高越省电。对于长期使用的家电,高能效产品能为用户节省不少电费
价格比较	在不同的购物平台对比价格,同一款家电可能在不同平台有不同的促销活动。注意价格波动,在促销季购买可能更划算

不同类型的家电有着各自的重要参数,这些参数直接影响着家电的性能、使用体验和能耗等。除了品牌、型号、价格等因素,DeepSeek还会对比家电的参数。

常见家电类型及参数

家电类型	参数项目	参数详情
冰箱	容量	100升以下、100~200升、200~300升、300升以上
	制冷方式	直冷(保湿好,需手动除霜)、风冷(无霜,保湿稍差)、混冷(结合直冷与风冷技术,兼顾保鲜与除霜)
	能效等级	1~5级(1级最节能)
	冷冻能力	24小时内将食物从25℃冷冻到-18℃的千克数,数值越大越强
洗衣机	洗涤容量	5千克、6千克、7千克、8千克等
	电机类型	变频电机(节能、噪声小、对衣物损伤小)、定频电机
	能效等级	1~5级(1级最省水、省电)

（续表）

家电类型	参数项目	参数详情
洗衣机	脱水转速	800～1600转/分钟（转速越高脱水越干，噪声可能越大）
空调	匹数	1匹、1.5匹、2匹、3匹等
	能效等级	1～5级（1级最节能）
	制冷量/制热量	数值越大制冷/制热效果越好
	定频/变频	变频（节能、温度控制精准、噪声小）、定频
电视	屏幕尺寸	观看距离3～3.5米选55英寸，3.5～4米选65英寸等
	分辨率	1080P、4K
	显示技术	液晶（LCD）、有机发光二极管（OLED）（OLED在对比度、色彩表现等方面更优，但价格高）
	处理器和内存	处理器强、内存大运行更流畅
热水器	容量	40升、50升、60升、80升等
	加热方式	储水式（需提前加热，热水量有限）、即热式（即开即热，功率大）、速热式（结合两者优点）
	能效等级	1～5级（1级最节能）
	内胆材质	搪瓷内胆（耐腐蚀、保温好）、不锈钢内胆等

　　DeepSeek会通过精准推荐算法匹配用户需求，结合大量真实消费者口碑评价，辅以智能价格预测系统，帮助用户做出明智的消费决策。

> 根据你的使用习惯和需求，智能推荐型号。
> 分析用户评价，生成评价标签云，帮助你快速了解产品优缺点。
> 预测未来价格走势，提供购买建议。

第五章 生活效率管家

高频问题指南

? 问题一：冰箱里食材有限，怎么生成多样菜谱?

DeepSeek会根据现有食材推荐多种搭配方式。

> 鸡胸肉、番茄、鸡蛋、青菜，生成菜谱。

DeepSeek营养菜谱生成示例

输入食材：鸡胸肉、番茄、鸡蛋、青菜
DeepSeek为你推荐以下菜谱：

1. 鸡胸肉炒番茄

食材：鸡胸肉、番茄、蒜、盐、生抽
做法：

1. 鸡胸肉切块，用生抽腌制10分钟。
2. 番茄切块，蒜切末。
3. 热锅倒油，爆香蒜末，加入鸡胸肉翻炒至变色。
4. 加入番茄翻炒，调入盐，炒至番茄出汁即可。

特点：高蛋白、低脂肪，适合健身人士。

- 159 -

❓ 问题二：DeepSeek如何保证生成的膳食搭配营养均衡？

DeepSeek内置营养数据库，每份菜谱都可以标注热量、蛋白质、脂肪等营养成分。你还可以输入高蛋白、低脂肪等需求，DeepSeek会生成符合要求的菜谱。

❓ 问题三：如何满足家庭成员的不同口味需求？

输入家庭成员的饮食偏好，比如不吃辣、爱吃甜等，DeepSeek会生成适合每个人的菜谱，并标注"适合爸爸""适合孩子"等标签。

❓ 问题四：如何选择合适的冰箱容量？

DeepSeek 会根据家庭人口、饮食习惯等因素，推荐合适的冰箱容量。例如，三口之家建议选择300升左右的冰箱，喜欢囤货的家庭可以选择400升以上的大容量冰箱。

第五章 生活效率管家

> 三口之家选择多大的冰箱？

对于三口之家来说，选择合适的冰箱容量主要取决于饮食习惯、购物频率以及是否喜欢囤货。一般来说，**300 升左右的冰箱**是比较合适的选择。以下是具体建议：

1. **普通家庭（日常买菜，不常囤货）：**
   - 建议选择 **250-350 升** 的冰箱。
   - 这种容量可以满足日常食材、饮料和少量冷冻食品的存储需求。
2. **喜欢囤货或购物频率低的家庭：**
   - 建议选择 **350-400 升** 的冰箱。
   - 更大的容量可以存放更多食材，适合一次性采购较多的家庭。
3. **其他考虑因素：**
   - **冰箱类型：** 对开门或多门冰箱通常容量更大，分区更合理，适合喜欢分类存储的家庭。
   - **冷冻室需求：** 如果经常需要存储冷冻食品，可以选择冷冻室较大的型号。
   - **生活习惯：** 如果经常在家做饭，建议选择容量稍大的冰箱；如果以外卖或外出就餐为主，可以选择容量较小的型号。

❓ 问题五：不清楚哪种家电更适合自己怎么办？

　　直接向 DeepSeek 提出疑问，如"XX 品牌和 YY 品牌的冰箱哪个更适合我家？"

　　DeepSeek 会根据市场反馈、用户评价及专业评测数据，提供对比分析。

　　也可以使用 DeepSeek 设定筛选条件，如"三口之家，需要一款节能高效的冰箱"。

　　DeepSeek 会根据品牌、价格、能效等级、功能特点等提供对比分析。

三 智能成长伙伴

> 在成长过程中，我们都渴望不断提升自己。无论是通过阅读书籍、观看电影汲取知识与灵感，还是沿着精心规划的技能学习路径不断进阶，都需要有效的指引。DeepSeek作为你的智能成长伙伴，通过精准的书单、影单推荐和个性化的技能学习路径规划，让你的自我提升之路更加清晰高效。

书单、影单推荐

在这个信息纷繁复杂的时代，找到适合自己的书籍和电影既费时又费神，而DeepSeek的书单、影单智能推荐功能就像一位贴心的私人导购，能根据你的个人情况和需求，精准地为你挖掘宝藏作品。

基于个人需求推荐书籍和电影

个人情况和需求类型	具体情况	推荐书籍	推荐电影
基于兴趣爱好	音乐爱好者（古典音乐）	《哥德堡：永恒的音乐迷宫》	《莫扎特传》
	体育迷（篮球）	《迈克尔·乔丹：我的天下》	《卡特教练》
	动漫迷（日本动漫）	《日本动漫经典作品解读》	《千与千寻》
依据生活阶段	学生群体	《如何阅读一本书》	《嗝嗝老师》
	新婚夫妇	《爱的五种语言》	《恋恋笔记本》
	为人父母者	《正面管教》	《当幸福来敲门》
按照知识提升需求	想要学习外语的人	《走遍美国》	《老友记》
	对心理学感兴趣的人	《思考，快与慢》	《搏击俱乐部》
	希望提升领导力的人	《可复制的领导力》	《十二怒汉》
基于情绪状态	感到焦虑时	《当下的力量》	《小森林》
	孤独时	《百年孤独》	《海上钢琴师》
	充满斗志时	《了不起的盖茨比》	《洛奇》系列

动态更新推荐内容

DeepSeek不仅能挖掘你未曾察觉的兴趣，还能根据你的生活节奏和成长轨迹，动态更新推荐适合你的内容，让你的每一次选择都充满惊喜和满足感！

动态更新推荐	根据你的知识储备和品位变化，动态更新推荐内容。
潜在兴趣推荐	分析你的社交媒体动态和浏览记录，捕捉你的潜在兴趣，推荐你可能喜欢的作品。
阅读状态推荐	根据你的时间安排和阅读或观影速度推荐作品，例如推荐适合周末放松的治愈系电影。

技能学习路径规划

想要学习新技能，却不知从何开始？面对海量的学习资源，感到迷茫和焦虑？如果你也有这些困扰，别担心，DeepSeek作为你的智能成长伙伴，会为你量身定制多方位发展方案，助你高效掌握新技能，实现自我提升！

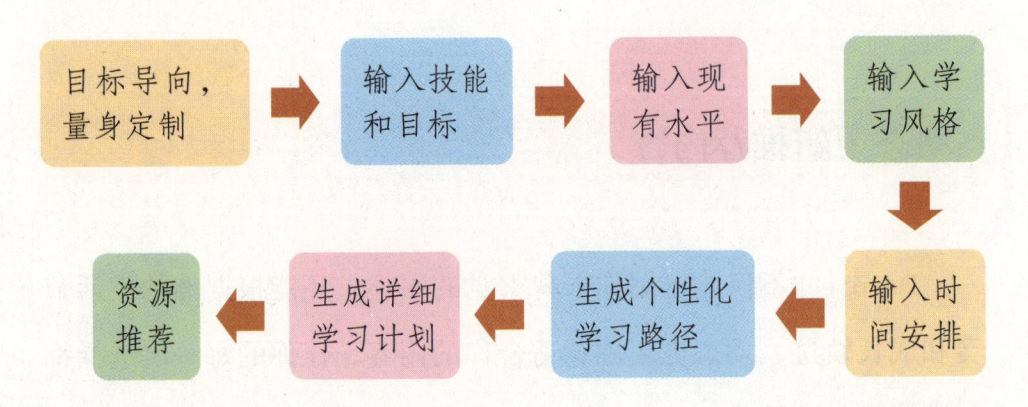

目标导向，量身定制 → 输入技能和目标 → 输入现有水平 → 输入学习风格 → 输入时间安排 → 生成个性化学习路径 → 生成详细学习计划 → 资源推荐

你只需输入想要学习的技能和目标，DeepSeek 就能根据你的现有水平、学习风格和时间安排，智能生成个性化的学习路径，并提

供详细的学习计划和资源推荐。

> 我是一名小白，想学习关于产品推荐和营销类的短视频剪辑，请帮我生成学习规划，并推荐相关资源，例如视频教程、本领域的博主和书籍等。

🐋 产品推荐和营销类短视频剪辑学习规划

目标：掌握产品推荐和营销类短视频剪辑技能，能够独立完成视频制作。

时间：3个月（可根据自身情况调整）

阶段一：基础入门（1个月）

- 学习目标：
  - 了解短视频平台规则和推荐机制。
  - 掌握视频剪辑软件的基本操作。
  - 学习视频剪辑的基本技巧，例如剪辑、转场、特效、字幕等。
- 学习内容：
  - 短视频平台：
    - 抖音、快手、B站等平台规则和推荐机制。
    - 热门产品推荐和营销类短视频案例分析。
  - 剪辑软件：
    - 剪映（手机端）：界面简洁，操作简单，适合新手入门。
    - Premiere Pro（电脑端）：功能强大，适合专业剪辑。

DeepSeek 整合了各大学习平台和资源网站，为你提供丰富的学习资源，包括在线课程、书籍、文章、视频等。

> 我刚开始学习短视频剪辑，请帮我推荐相关资源。

🐋 短视频剪辑学习资源推荐

一、视频教程

- B站：
  - 《剪映教程全集》：适合新手入门，讲解详细，案例丰富。
  - 《Premiere Pro 2023 零基础入门教程》：系统讲解Premiere Pro软件操作，适合想深入学习剪辑的用户。
  - 《短视频脚本撰写技巧》：讲解短视频脚本写作技巧，帮助你打造吸引人的视频内容。
  - 《手机短视频拍摄技巧》：讲解手机拍摄短视频的技巧，帮助你提升视频画面质量。
  - 《Premiere Pro 音频处理教程》：讲解Premiere Pro音频处理技巧，帮助你提升视频音质。
  - 《短视频数据分析与优化》：讲解短视频数据分析方法，帮助你优化视频内容，提升视频播放量。
- 抖音：
  - 搜索关键词"剪映教程"、"Premiere教程"、"短视频脚本"、"视频拍摄技巧"、"音频处理"、"短视频数据分析"等，可以找到大量相关视频教程。

DeepSeek 会实时跟踪你的学习进度，并提供学习报告和数据分析，帮助你了解自己的学习情况和不足之处，及时调整学习计划。

1. 学习进度记录

- 自动记录：DeepSeek会自动记录用户的学习进度，包括已完成的任务、学习时长、学习内容等。
- 数据可视化：DeepSeek会通过图表和进度条，直观展示用户的学习进展。

2. 定期反馈与评估

- 生成学习报告：DeepSeek会定期生成学习报告，包含学习时长、完成率、知识点掌握情况等。
- 评估学习效果：DeepSeek会根据用户的学习数据，评估学习效果，指出不足之处。

3. 动态调整路径

- 动态调整：DeepSeek会根据用户的学习进展和反馈，动态调整学习路径，优化学习计划。
- 个性化建议：DeepSeek会针对用户的薄弱环节，提供个性化的学习建议和补充资源。

实际操作中的隐藏功能

想让学习变得更智能、更高效？DeepSeek 的隐藏功能为你解锁全新体验！从精准推荐到个性化工具，再到学习成果预测，它让你的每一步都充满信心与动力，帮助你在个人发展的征途上稳步前行。

隐藏功能

- DeepSeek能根据你的职业发展方向和个人兴趣，推荐适合你学习的技能组合，帮助你打造核心竞争力。

- DeepSeek能根据你的学习进度和反馈，智能推荐适合你的学习资源，并提供学习笔记和思维导图等工具，帮助你高效学习和记忆。

- DeepSeek能根据你的学习数据，预测你的学习成果，并提供学习建议和鼓励，帮助你保持学习动力，实现持续进步。

高频问题指南

问题一：如何找到与自己阅读水平相匹配的书籍？

DeepSeek会根据你的阅读历史和理解能力，推荐适合你当前阅读水平的书籍，并提供难度评级和阅读建议，帮你循序渐进地提升阅读能力。

问题二：如何找到与某本书类似的作品？

DeepSeek可以根据书籍的主题、风格、作者等信息，推荐与之类似的作品，并提供相似度评分和推荐理由，帮助你发现更多感兴趣的书籍。

问题三：我已经看过很多同类作品，想要一些新鲜的内容。

你可以在搜索请求中加入小众、独特等关键词，或者告诉DeepSeek你已经看过的大部分作品名称，这样它就能为你挖掘

第五章 生活效率管家

一些比较小众又比较精彩的作品。

? 问题四：如何选择适合自己的学习资源？

　　DeepSeek会根据你的学习目标、现有水平和学习风格，推荐适合你的学习资源，并提供资源评分和用户评价，帮助你选择最优质的学习资源。

? 问题五：如何制订合理的学习计划？

　　DeepSeek会根据你的时间安排和学习目标，智能生成合理的学习计划，并提供每日学习任务和提醒功能，帮助你高效完成学习目标。

第六章

娱乐创意工坊

　　DeepSeek作为一款智能工具，不仅能帮你设计互动游戏、创作艺术作品，还能为你量身定制个性化内容，实现娱乐与创意的完美结合。无论是剧本杀的角色设定、诗歌对联的创作，还是团建活动的策划，DeepSeek 都能为你提供灵感和技术支持。本章讲解如何高效利用 DeepSeek 的功能，释放你的创意潜能，让生活充满乐趣与惊喜！

一 互动游戏设计

> 互动游戏设计不仅是剧本杀的专属，DeepSeek也能帮你打造各种带有情节的娱乐游戏，让你在游戏中体验不同人生，甚至还能结合个人发展，边玩边成长！

从零开始构建剧本杀的故事情节

剧本杀的核心在于故事情节，而 DeepSeek 可以帮助你从零开始构建一个引人入胜的剧本杀故事。无论是角色设定、线索设计，还是反转和结局，DeepSeek 都能根据你的需求生成完整的剧情框架。

1. 确定主题和风格

首先，你需要明确剧本杀的主题和风格。你可以通过关键词或简单的描述告诉 DeepSeek 你想要的故事类型。

2. 设定故事背景和世界观

剧本杀的故事背景是吸引玩家的关键。你可以通过提供一些具体的设定让 DeepSeek 帮你构建一个独特的世界观。

3. 设计角色和人物关系

剧本杀的角色是推动剧情发展的核心。你可以告诉 DeepSeek 你需要多少个角色，以及他们的基本设定。

4. 构建剧情的时间线和关键线索

剧本杀的剧情通常围绕一个核心事件展开，比如谋杀案或宝藏争夺。你需要告诉 DeepSeek 事件的关键节点和线索分布。

5. 添加反转和多重结局

为了让剧本杀更具吸引力，你可以要求DeepSeek在故事中加入反转和多重结局。

剧本杀创作指南

步骤	关键要素	示例输入
确定主题和风格	主题：古风悬疑、现代都市、科幻未来、校园恋爱、恐怖灵异等。 风格：轻松搞笑、紧张刺激、情感纠葛、逻辑推理等	帮我写一个古风悬疑的剧本杀，风格偏向逻辑推理，结局可以有反转。 我想要一个现代都市的情感剧本杀，主题与职场竞争和爱情纠葛相关
设定故事背景和世界观	时间设定：古代、现代、未来、架空世界等。 地点设定：皇宫、校园、公司、太空站、密室等。 关键事件：谋杀案、宝藏争夺、家族恩怨、科学实验等	故事发生在民国时期的一个小镇上，镇上有一个神秘的家族，家族成员接连离奇死亡。 背景是一个未来科技公司，公司内部正在进行一项秘密实验，实验对象突然失踪
设计角色和人物关系	角色数量：5~8个角色是剧本杀的常见配置。 角色设定：姓名、年龄、职业、性格特点、秘密等。 人物关系：恩怨情仇、隐藏秘密、利益冲突等	我需要6个角色，包括一名侦探、一名凶手、一个帮凶和三个嫌疑人。凶手有一个隐藏的身份，侦探和凶手之间有旧怨。 角色之间有复杂关系，每个人都有自己的秘密，凶手行凶的动机与情感纠葛有关

（续表）

步骤	关键要素	示例输入
构建剧情的时间线和关键线索	核心事件：谋杀案、失踪案、盗窃案等。 时间线：案发前、案发时、案发后的关键节点。 线索设计：线索之间的关联性，如何通过线索推理出真相	谋杀案发生在晚上8点，凶手在案发前与受害者有过争执，案发后凶手试图伪造不在场证明。 线索包括一封匿名信、一把带血的刀和一段监控录像，这些线索可以指向凶手的真实身份
添加反转和多重结局	反转设计：凶手的真实身份出人意料，或某个角色的秘密与主线密切相关。 多重结局：根据玩家选择，结局可以是凶手逃脱、真相大白、全员失败等	在故事的最后加入一个反转，凶手其实是受害者的双胞胎兄弟。 设计两个结局，一个是凶手被抓住，另一个是凶手成功逃脱并嫁祸给其他人

将个人发展融入游戏

剧本杀不仅是一种娱乐方式，还可以成为个人发展的有力工具。通过设计特定的游戏情节和角色任务，DeepSeek 可以帮助你提升各种技能，比如沟通能力、团队协作、领导力、问题解决能力等。以下是将个人发展融入剧本杀游戏的具体操作方法。

1. 模拟人生：职业体验与规划

通过剧本杀，可以模拟不同职业的日常工作场景，帮助你更好地了解职业特点，为未来职业规划提供参考。

2. 技能养成：沟通与问题解决的能力

剧本杀中的角色扮演和任务完成可以帮助你提升沟通能力和问题解决能力。通过设计特定的社交场景和挑战，DeepSeek 可以帮助你在游戏中提升这些技能。

3. 团队协作与领导力

剧本杀中的团队任务可以帮助你提升团队协作能力和领导力。通过设计需要团队合作的情节，DeepSeek 可以帮助你在游戏中提高这些能力。

剧本杀设计与职业体验规划表

步骤	关键要素	示例输入
模拟人生：职业体验与规划	职业主题：医生、律师、企业家、科学家等。 职业场景：法庭辩护、项目管理、实验室研究等。	帮我设计一个律师职业体验的剧本杀，场景是法庭辩护，角色包括律师、法官、原告、被告和证人。 生成一个企业家管理团队的剧本杀，主题是关于如何解决团队内部的沟通问题
技能养成：沟通与问题解决的能力	技能目标：沟通技巧、谈判能力、问题解决能力等。 社交场景：客户谈判、团队合作、危机处理等。	帮我设计一个客户谈判的剧本杀，角色包括销售经理、客户、技术支持和财务人员，目标是达成合作协议。 生成一个团队合作的剧本杀，主题是关于如何解决项目中的技术难题

（续表）

步骤	关键要素	示例输入
团队协作与领导力	团队任务：解谜、项目管理、危机应对等。 团队角色：领导者、执行者、协调者等。	帮我设计一个团队合作的剧本杀，主题是关于如何应对公司危机，角色包括项目经理、市场经理和技术总监。 生成一个团队解谜的剧本杀，目标是通过团队合作解开一个复杂的谜题

高频问题指南

问题一：生成的剧本杀任务太难或太简单怎么办？

你可以告诉DeepSeek调整任务的难度。比如，"生成一个适合初学者的团队合作剧本杀，任务不要太复杂"，DeepSeek会根据你的要求调整任务设计。

请创作一个剧本杀的故事大纲，适合初学者玩，剧情不要太难。故事发生在未来空间站，有一定的科幻元素。参与者有6人，自行设定角色和情节，结局要有反转。玩游戏时让参与游戏的成员练习团队协作。

剧本杀故事大纲：未来空间站的秘密

剧本名称：《空间站危机》

第六章 娱乐创意工坊

背景设定：

故事发生在未来的一个太空空间站——"曙光号"，这是一个用于科学研究和资源采集的太空基地。空间站内有6名成员，他们各自负责不同的任务。某天，空间站突然发生了一起神秘事件：站长离奇死亡，而空间站的能源系统也遭到破坏，导致氧气供应不足。参与者需要在有限的氧气耗尽前找出真相，修复系统，并逃离空间站。

角色设定：

1. **站长：李明**（死者）
   - 空间站的负责人，性格严谨，负责管理整个空间站的运作。
   - **秘密**：他其实是一名间谍，任务是窃取空间站的研究数据。
2. **科学家：张琳**
   - 空间站的首席科学家，负责研究太空资源。
   - **秘密**：她发现了站长的间谍身份，并试图阻止他。

❓ 问题二：如何让剧本杀更贴近个人发展目标？

> 在输入提示时，明确你的个人发展目标，比如"提升沟通技巧"或"练习团队协作"，DeepSeek会根据你的目标设计相应的情节和任务。

> 增加团队协作的情节。

团队协作任务：

1. **修复能源系统**：
   - **任务描述**：能源系统被破坏，氧气供应不足。工程师王强需要其他成员的帮助，收集工具和零件，修复能源系统。

- 177 -

- 协作要求：
  - **科学家张琳**：提供技术支持，分析能源系统的故障原因。
  - **医生陈雪**：提供医疗支持，确保团队成员在修复过程中不会受伤。
  - **安全官赵峰**：提供安全支持，确保修复过程中的安全。
  - **实习生刘洋**：协助工程师王强，收集工具和零件。

2. **解密站长的加密信息**：
   - **任务描述**：控制室的电脑记录显示，站长在死亡前曾试图发送一条加密信息。科学家张琳和实习生刘洋需要合作，解密这条信息。
   - 协作要求：
     - **科学家张琳**：分析加密信息的结构，找出解密方法。
     - **实习生刘洋**：协助科学家张琳，提供计算支持。
     - **其他成员**：提供线索和提示，帮助解密。

问题三：如何评估自己在游戏中的表现？

在游戏结束后，可以与队友讨论自己的表现，或者让DeepSeek生成一个评估报告，列出你在游戏中的表现，并提出改进建议。

二 艺术创作

> 艺术创作不仅仅是艺术家的专利，DeepSeek 也可以帮助你释放创意潜能，无论是写诗、写歌词还是脱口秀段子，DeepSeek 都能成为你的灵感助手。

DeepSeek的诗歌创作功能

　　DeepSeek可以轻松跨越古典与现代的界限，无论是五言绝句的雅致，还是现代诗的深情，DeepSeek都能为你量身定制。只需输入你的需求，DeepSeek 便能为你创作出诗歌，甚至还能生成工整的对联，让你的创意瞬间升华！

1. 古典诗歌创作

输入关键词，一首关于春天、思念的古典诗歌，DeepSeek 就能生成一首符合古典格律的诗歌。

DeepSeek对话框输入：
帮我写一首关于春天的五言绝句。
DeepSeek 输出：
春风拂柳绿，花开满园香。
燕语归来早，人间好景光。

2. 现代诗歌创作

如果你更喜欢现代诗，DeepSeek也能生成自由风格的诗歌。

DeepSeek对话框输入：
帮我写一首关于孤独的现代诗。
DeepSeek 输出：

孤独是一盏灯，
在黑暗中独自闪烁，
它不说话，只是静静地亮着，
直到有人走近，才发现它从未熄灭。

3. 对联创作

输入上联，DeepSeek 可以自动生成下联。

DeepSeek对话框输入：
上联：春风得意马蹄疾
DeepSeek 输出：
下联：秋水怡情帆影轻

技巧

风格定制：你可以要求DeepSeek生成特定风格的诗歌，比如"李白风格"或"泰戈尔风格"。

DeepSeek还能生成英文、日文等多种语言的诗歌。

DeepSeek的歌词韵律优化功能

是否有一段旋律在你脑海中回响，你却苦于找不到合适的歌词？DeepSeek不仅能帮你把零散的灵感变成完整的歌词，还可以帮你优化韵律、扩展主题，轻松帮你创作出打动人心的歌曲。

1. 歌词创作

输入一段灵感片段，DeepSeek就可以帮你扩展成完整的歌词。

> DeepSeek对话框输入：
> 帮我写一段关于青春的歌词，主题是追梦。
> DeepSeek 输出：
> 青春是一道光，照亮了前方的路，
> 我们奔跑在风中，追逐着心中的梦，
> 不怕跌倒，不怕失败，
> 因为年轻，我们无所畏惧。

2. 韵律优化

如果你已经写了一段歌词,但觉得韵律不够流畅,DeepSeek 可以帮你优化。

DeepSeek对话框输入:
帮我优化这段歌词的韵律:"我们曾经年少,梦想像风一样自由"。
DeepSeek 输出:
我们曾经年少轻狂,梦想如风般飞扬,
在岁月的长河里,我们追逐着光芒。

技巧

情感定制:你可以要求DeepSeek生成特定情感的歌词,比如悲伤、欢快或励志。

风格适配:DeepSeek 也可以根据不同音乐风格生成歌词,比如流行、摇滚或民谣。

三 团建活动策划

> 团建活动是提升团队凝聚力、激发员工活力的重要方式，但策划一场有趣又有意义的团建活动并不容易。DeepSeek可以成为你的团建策划助手，从活动主题设计到具体执行细节，它都能轻松应对。无论是户外拓展、趣味游戏，还是创意工作坊，DeepSeek 都能为你提供灵感和技术支持，让你的团建活动既好玩又有深度。

团建活动主题设计

进行团建活动时首先要明确目标，然后设计活动主题。借助DeepSeek，你能够挖掘出独特新颖的主题思路，让团建活动从最初的创意有效转化为切实可行、充满吸引力的落地活动。

确定团建目标

提升团队凝聚力
通过合作任务和互动游戏，增强团队成员之间的信任和默契。

激发创造力
通过创意工作坊或头脑风暴，激发团队成员的创新思维。

放松身心
通过户外活动或休闲娱乐，帮助团队成员释放压力。

在DeepSeek中输入团建目标和团队特点，它会生成一系列活动主题建议。

设计活动主题

户外拓展类	趣味游戏类	创意工作坊类
登山、露营、徒步、漂流、烧烤等	密室逃脱、剧本杀、趣味运动会等	手工DIY、艺术创作、科技体验等

> 我们团队有 20 人，目标是提升团队凝聚力，喜欢户外活动。

团建活动策划方案：20 人团队，提升凝聚力，喜欢户外活动

根据你的需求，DeepSeek 为你设计了一份详细的团建活动策划方案，主题为**"户外拓展挑战赛"**，旨在通过趣味性和挑战性的活动，提升团队凝聚力，同时让团队成员在户外活动中放松身心。

活动主题：户外拓展挑战赛

活动目标：

1. **提升团队凝聚力**：通过合作任务和互动游戏，增强团队成员之间的信任和默契。
2. **激发团队活力**：通过户外活动和趣味挑战，激发团队成员的积极性和创造力。
3. **放松身心**：通过户外自然环境的体验，帮助团队成员释放压力，放松心情。

活动时间：1 天

活动地点：郊区森林公园或户外拓展基地

活动细节策划

　　策划一场成功的团建活动，关键在于细节的把控。无论是半天趣味运动会，还是多日远途旅行，DeepSeek 都能帮你精准安排时间、合理分配预算，确保活动既有趣又高效。

1. 时间安排

半天活动：适合紧凑型团建，比如趣味运动会或创意工作坊。

全天活动：适合户外拓展或深度体验，比如登山、露营。

多日活动：适合远途旅行或深度团建，比如海岛游或沙漠探险。

2. 预算控制

低成本活动：公园野餐、趣味运动会等。

中成本活动：密室逃脱、户外拓展等。

高成本活动：远途旅行、高端度假村等。

3. 活动细节

输入活动主题和预算，DeepSeek 会生成详细的活动安排和预算分配。

> 示例输入：
> 我们想组织一次户外拓展，预算5000元，20~30人，时间一天。
> 活动主题：团队登山挑战赛
> 时间安排：
> 09:00—10:00 集合出发
> 10:00—12:00 登山比赛
> 12:00—13:00 午餐（自带或山下餐厅）
> 13:00—15:00 团队游戏（如拔河、接力赛）
> 15:00—16:00 总结与颁奖
> 16:00—17:00 返回
> 预算分配：
> 交通：1000 元
> 餐饮：1500 元
> 奖品：500 元
> 其他：2000 元

活动执行与反馈

　　一场成功的团建活动，不仅需要精心策划，更离不开高效的执行与及时的反馈。DeepSeek会让每个环节都有专人负责，同时提供应急预案应对突发状况。活动结束后，还可以让DeepSeek生成详细的反馈问卷，助你收集团队意见，便于总结改进。

1. 活动执行

> 分工明确：确保每个环节都有专人负责，比如交通、餐饮、游戏组织等。
>
> 应急预案：准备好应对突发情况的方案，比如天气变化、设备故障等。

DeepSeek生成的分工表

环节	负责人	具体任务	备注
交通安排	张明	联系租车公司，确认车辆和时间；安排团队成员集合和上下车地点	提前一天确认司机和车辆信息
餐饮安排	李强	预订午餐（如农家乐或野餐食材）；确认餐饮时间和地点	提前了解团队成员的饮食偏好和禁忌
游戏组织	王红	准备游戏道具（如拔河绳、任务卡）；组织游戏流程，确保活动有序进行	提前测试游戏道具，确保无损坏
物资准备	赵丽	准备活动物资（如急救包、雨具、奖品）；确保物资齐全并分发到位	提前检查物资清单，确保无遗漏
摄影记录	陈凤	负责活动全程拍摄，记录精彩瞬间；活动结束后整理照片和视频	提前准备好相机或手机，确保电量充足

DeepSeek提供的应急预案

突发情况	应对措施	负责人	备注
天气变化	（1）提前查看天气预报，准备雨具。 （2）如遇恶劣天气，启动备用室内活动方案	张明	提前联系备用场地（如室内活动中心）
设备故障	（1）准备备用设备（如对讲机、扩音器）。 （2）如遇设备故障，及时更换或调整活动流程	李强	提前测试所有设备，确保正常使用
人员受伤	（1）准备急救包，安排专人负责急救。 （2）如遇严重受伤，立即联系附近医院	王红	提前了解活动地点附近的医院位置和联系方式
交通延误	（1）提前出发，预留充足时间。 （2）如遇交通堵塞，及时调整活动时间	赵丽	提前规划备用路线，避免拥堵路段
餐饮问题	（1）准备备用餐饮方案（如自带干粮）。 （2）如遇餐饮问题，及时更换餐厅或调整菜单	陈风	提前与餐厅确认菜单和用餐时间

2. 活动反馈

收集意见：通过问卷调查或小组讨论，收集团队成员对活动的反馈。

总结改进：根据反馈总结活动的优缺点，为下次团建提供参考。

3. 生成反馈问卷

输入活动主题和目标，DeepSeek 会生成反馈问卷。

> DeepSeek对话框输入：
>
> 我们组织了一次户外拓展，目标是提升团队凝聚力，请生成一份反馈问卷。
>
> DeepSeek 输出：
>
> 1. 你对本次户外拓展活动的整体满意度如何？（1~5分）
> 2. 你认为活动是否达到了提升团队凝聚力的目标？（是/否）
> 3. 你最喜欢的活动环节是什么？（多选）
>   A. 登山比赛
>   B. 团队游戏
>   C. 午餐时间
>   D. 总结与颁奖
> 4. 你对下次团建活动有什么建议？

高频问题指南

问题一：如何选择合适的团建主题？

你可以根据团队的特点和目标选择主题，比如喜欢户外活动的团队可以选择登山或露营，喜欢挑战的团队可以选择密室逃脱或剧本杀。

❓ **问题二：如何控制团建活动的预算?**

你可以利用 DeepSeek 生成详细的预算分配表，确保每个环节的费用都在可控范围内。

DeepSeek对话框输入：

公司想组织一场20人参加的新加坡旅游，活动为期一周，生成总预算和预算分配表。

DeepSeek输出如下：

项目	预算（元）	人均（元）	备注
1. 国际交通	100000	5000	往返经济舱机票（提前预订，人均约¥5000）
2. 当地交通	7000	350	地铁/公交卡（7天）、机场接送（团体包车）
3. 住宿	84000	4200	四星级酒店双人间（¥1200/晚/间×10间×7晚）
4. 餐饮	62000	3100	日常餐饮：¥100/餐×3餐×7天=¥2100/人 2次特色餐（人均¥500）
5. 景点门票	15000	750	环球影城（¥400）、滨海湾花园（¥150）、夜间动物园（¥200）

6. 团队活动	16000	800	定制团建（如密室逃脱/皮划艇，¥500/人）导游费用（¥6000全程）
7. 保险	4000	200	7天境外旅行险（医疗+延误+意外）
8. 签证	6000	300	新加坡电子签证（¥300/人，如需代办）
9. 其他杂费	30000	1500	应急备用金（¥20000）+小费/纪念品（¥500/人）
总预算	324000	16200	

❓ 问题三：如何收集团队成员的反馈?

可以利用 DeepSeek 生成反馈问卷，通过线上或线下填写问卷等方式收集团队成员的意见和建议。

附录

DeepSeek常用指令速查表

　　DeepSeek常用指令速查表涵盖内容创作、电商运营、知识付费、数据分析、编程开发和生活效率等六大场景，帮助你轻松驾驭DeepSeek。

分类	场景	指令	示例
内容创作类	标题生成	生成10个吸引眼球的【主题】标题，需包含数字、情绪词、悬念	生成10个关于减肥的标题
	小红书"种草文"	以【身份】的口吻，写一篇【产品】的"种草文"，突出3个使用场景+2个痛点解决方案	以健身达人的口吻，写一篇关于蛋白粉的"种草文"
	短视频脚本	生成【时长】的短视频脚本，包含开场悬念+中间反转+结尾行动号召	生成1分钟的短视频脚本，主题为"如何快速减肥"
	深度长文	以【风格】写一篇【主题】的深度文章，包含3个核心观点+对应案例分析	以科普风格写一篇关于区块链的深度文章
	SEO优化文章	围绕关键词【×××】，写一篇1000字文章，关键词密度3%，带H2/H3标题结构	围绕关键词"Python数据分析"，写一篇SEO优化文章

（续表）

分类	场景	指令	示例
电商运营类	产品描述优化	为【产品】写一段吸引人的介绍，突出3个卖点+1个实际应用场景	为智能手表写一段产品描述
	亚马逊评论分析	分析以下用户评论，总结3个主要痛点+2个改进建议	分析某款手机的亚马逊用户评论
	客服话术生成	针对【客户问题】，生成5条专业、友好的客服回复示例	针对"产品延迟发货"问题，生成客服回复
	促销邮件撰写	撰写一封【节日】促销邮件，需包含限时优惠+紧迫感+行动号召	撰写一封"双十一"促销邮件
	竞品分析报告	对比【产品A】与【产品B】，列出3个优势+2个劣势+1个差异化建议	对比iPhone 14与Samsung Galaxy S23
知识付费类	课程大纲设计	设计一门【主题】的21天入门课程大纲，包含每日学习目标+练习作业	设计一门"Python编程"的21天入门课程大纲
	电子书章节生成	以【风格】写一篇【主题】电子书章节，包含3个案例+1个行动指南	以科普风格写一篇关于"时间管理"的电子书章节
	直播脚本撰写	生成一份【时长】的直播脚本，包含开场互动+干货分享+促销环节	生成一份1小时的直播脚本，主题为"如何提高工作效率"
	社群运营话术	为【主题】社群设计7天互动计划，包含欢迎话术+每日话题+游戏互动	为健身打卡社群设计7天互动计划
	知识星球内容	生成一篇【主题】的日更内容，包含1个知识点+1个互动问题	生成一篇关于理财的日更内容
数据分析类	销售数据洞察	分析以下销售数据，找出3个增长机会+2个潜在风险	分析某电商平台的销售数据
	用户画像生成	根据以下数据，生成【产品】的目标用户画像，包含3个关键特征	生成某款护肤品的用户画像

（续表）

分类	场景	指令	示例
数据分析类	市场趋势预测	基于【行业】最新数据，预测未来6个月的3大趋势	基于"人工智能"行业数据，预测未来趋势
	财务报表解读	用通俗语言解读以下财务报表，指出2个关键问题+1个改进建议	解读某公司的财务报表
	竞品定价策略	分析【竞品】的定价策略，并提供3个优化建议	分析某款手机的竞品定价策略
编程开发类	代码注释生成	为以下代码添加详细注释，解释每个功能模块	为一段Python代码添加注释
	Bug修复建议	分析代码错误，并提供3个修复方案	分析一段JavaScript代码的错误
	API文档生成	为以下函数生成标准API文档，包含参数说明+使用示例	为某个Python函数生成API文档
	算法优化建议	优化以下算法，使时间复杂度降低至O(n)级别	优化一个排序算法
	自动化脚本编写	编写一个Python脚本，实现【功能】的自动化操作	编写一个自动发送邮件的Python脚本
生活效率类	旅行计划生成	规划一份【地点】的7天旅行计划，包含景点+美食+交通方案	规划一份"日本东京"的7天旅行计划
	健身计划定制	根据个人需求，制订21天减脂计划，包含饮食+运动安排	制订一份21天减脂计划
	时间管理优化	基于我的日程表，优化时间分配，提高工作效率	优化我的每日时间安排
	理财规划建议	根据我的收入与支出情况，制定一份年度理财规划	制定一份年度理财规划
	学习路径设计	为【技能】设计3个月学习计划，包含每周学习目标	为"Python编程"设计3个月学习计划